論理が伝わる 世界標準の「議論の技術」

Win-Winへと導く5つの技法

倉島保美 著

●装幀／芦澤泰偉・児崎雅淑
●カバーイラスト／坂本奈緒
●本文デザイン・組版／フレア

はじめに

▶ 世界標準の議論とは

　グローバル競争のビジネスの世界では、論理的に議論することが求められます。論理的な議論を通して、当事者全員の知恵を寄せ集めたソリューション、つまり全員が納得するWin-Winのソリューションを見出すのです。議論し尽くされていない未熟なソリューションを、駆け引きや根回しで押し通してはいけません。また、当事者の一部だけが納得するWin-Loseのソリューションを押しつけるのもよくありません。駆け引きや根回し、Win-Loseのソリューションでは、結局はビジネスでの成果を得られないからです。

▶ 日本人は議論が下手なのか

　日本人は議論が下手と言われますが、単に「議論の技術」を知らないだけです。下手なのではなく、知らないだけなのです。「議論の技術」を知りさえすれば、わずかな時間で議論上手になれます。その技術も、ごく簡単で、すぐに使えるようなものも多くあります。たとえば、これまで相手に反論されるとすぐに四苦八苦していた人も、ある魔法の言葉を用いるだけで議論上手になれます（「コラム｜議論が本当に得意な人」65ページ参照）。

　「議論の技術」を知っていれば、Win-Winの成果を生み出す、論理的な議論ができるようになります。議論とは、

はじめに

Win-Winのソリューションを導くための、生産的な話し合いです。論理的に議論し合うことで、双方が満足するソリューションを、協力して考え出すのです。相手に議論で勝とうと思っているようでは、ビジネスは成功しません。まして、議論上手とはとても言えません。

▶ **論理的な議論とは**

議論が論理的であるとは、全体の筋が通っていて、かつ、その筋を作っている各ポイントに納得感のある状態です。

全体の筋が通っているとは、筋を作っている各ポイントが正しく接続されているということです。このポイントは、縦につながるか、横に並ぶか、あるいは他のポイントを包含するかの、いずれかの関係でなければなりません。正しく接続されると、各ポイントはブロック図のようにつながります。全体の筋が通っているとは、ブロック図のような状態を作ることです。

筋を作っている各ポイントに納得感があるとは、その各ポイントが十分に裏付けられているということです。各ポイントは、理由やデータによって裏付けられていなければなりません。正しく裏付けられると、各ポイントに納得感が生まれます。筋を作っている各ポイントに納得感があるとは、各ポイントに十分な理由やデータがあることです。

▶ **本書のターゲット**

今説明した論理的であることのうち、話全体の筋を通すことを「ロジック構築」、各ポイントに納得感を持たせることを「ロジック論証」と言います。

ロジックを構築する技法を学ぶことにより、議論の論理性を改善できます。議論において、このロジック構築が求められるのは、議論のスタートとなる原案です。原案は、論理的な議論を通じて、最適なソリューションへとブラッシュアップされます。この最初の原案で、ロジック構成要素が正しく接続されていれば、議論の収束が容易です。逆に、この接続がいい加減だと、深めるべき論点が多くありすぎるために議論が発散しがちです。そこで、議論を効果的に深めるために、ロジック構成要素を正しく接続する技術が重要です。

また、ロジックを論証する技法を学ぶことにより、議論の説得力を改善できます。議論において、このロジック構築が求められるのは、議論のスタートとなる原案の提示と、その原案の提示に続けて応酬される反論です。ロジック構成要素に、どんな根拠をつければ相手を説得できるのかを検討したり、相手の述べている根拠で十分かを検証したりすることで議論が深まります。議論を深め、原案を最適なソリューションへとブラッシュアップするために、論証する、あるいは検証する技術が重要です。

さらに、構築したロジックを表現する技法を学ぶことに

より、議論の伝達性を改善できます。議論では、口頭での説明が原則です。議論中に、発言ごとに資料を配付するわけにはいきません。プレゼンテーションのようにスライドを見せることもできません。目に見える資料を使わずに言葉だけで説明すると、どうしても分かりにくくなります。したがって、口頭だけの説明でも、伝えたいことがしっかり伝えられる技術が重要なのです。

なお、ロジック構築とロジック論証、その表現については、「論理が伝わる世界標準の技術」シリーズの前2作でも取り上げています。本書『論理が伝わる世界標準の「議論の技術」』では、ロジック論証を中心に身につけていきます。ロジック構築をさらに深く勉強したければ、『論理が伝わる世界標準の「プレゼン術」』を参考にしてください。また、表現を深く勉強したければ、『論理が伝わる世界標準の「書く技術」』を参考にしてください。シリーズの3冊によって、ロジック構築とロジック論証、その表現のすべてを、深く学ぶことができます。

本書の構成と読み方

▶ **この本の構成**

本書は、「序章　なぜ議論の技術なのか」に続いて、以下の3部で構成されています。

　　　第1部　議論の基礎
　　　第2部　議論の技術
　　　第3部　議論の実践

第1部では、論理的な議論の構成や議論のルールについて説明しています。議論は、双方の意見を深め、よりよいソリューションを導き出すためにするのです。そのためには、議論の基本である主張の構成を理解しなければなりません。議論では、まず、この主張を論理的に組み合わせて原案を提示し、次に、反論を応酬し合います。そこで原案や反論の構成を学ばなければなりません。さらに、反論を応酬し合うにあたって、守るべきルールを学んでおく必要があります。

第2部では、論理的な議論に必要とされる5つの技術を説明しています。5つの技術とは、「伝達」「傾聴」「質問」「検証」「準備」です。よりよいソリューションを導き出すためには、まず自分の考えを正しく「伝達」しなければなりません。それと同時に相手の意見を注意深く「傾聴」し、必要があれば「質問」で聞き出し、その内容を「検証」しなければなりません。さらに、十分な「準備」

が必要です。

　第3部では、議論の具体例を使いながら、議論の深め方を説明しています。議論を深めるには、第2部で説明した技術を使いながら、論点を正しくとらえ、その論点を深める反論をし、議論が論点からずれたら元の論点に引き戻す必要があります。ここでは、ありがちな失敗例を示しつつ、どうすれば議論が深まるのか、その改善例を紹介します。

▶ この本の読み方

　本書は、飛ばし読みすることを前提に書いています。本書の説明は、大きな階層から小さな階層に至るまで、原則として概略から詳細へと展開しています。概略説明を読んで理解できたなら、必ずしも詳細説明を読む必要はありません。むしろ、すべてを端から端まで読むと、予備知識が豊富な人や理解力の高い人には、説明が丁寧すぎる、あるいはくどいと感じるかもしれません。

　飛ばし読みする場合でも、練習問題では、考える時間を十分に取ってください。本書には、小階層ごとに「ポイント確認」として練習問題が、第3部には「演習」として問題が多く掲載されています。この練習問題で考える時間を取ることで、知識が技術へと変わります。説明を読んで得たのは知識です。知っていれば使えるというものではありません。知識は使いこんで、初めて技術になります。

目　次

はじめに ……………………………………………………………… 3
本書の構成と読み方 ………………………………………………… 7

序　章　なぜ議論の技術なのか
0.1　論理的な議論とは …………………………………………… 14
0.2　論理的な議論でWin-Winに導く ………………………… 22
0.3　論理は万能ではない ………………………………………… 30

第1部　議論の基礎
1　議論の基本は、主張の構成にある ……………………………… 34
1.1　主張には、根拠（理由とデータ）が必要である …… 34
コラム トゥールミンの議論モデル　41
1.2　理由は主張でもある ……………………………………… 42
1.3　主張は、理由のリンクで構成される ………………… 46
コラム どこまで理由に対して根拠を述べるのか　53
2　議論には、守るべきルールがある …………………………… 54
2.1　言い出した側が証明する（立証責任）……………… 54
2.2　沈黙は了承である（反証責任）……………………… 60
コラム 議論が本当に得意な人　65
2.3　新しい論点を後から出さない ………………………… 66
2.4　すべての根拠に反論する ……………………………… 70
コラム 代案の条件　75
2.5　論理だけで議論する …………………………………… 76
コラム 「おまえもやっているではないか」という反論　83

3 議論は、原案への反論の応酬である ································· 84
　3.1 原案には、問題解決型と施策提案型がある ··············· 84
　3.2 反論には、主張型反論と論証型反論がある ··············· 90
　3.3 原案を、論証型反論の応酬で深める ·························· 96
　　コラム 議論上手とは ·· 104

第2部 議論の技術

1 伝達の技術 ··· 106
　1.1 5つの基本技術 ··· 106
　1.2 原案を説明する ··· 112
　　コラム メリットの重要性には質と量がある ····································· 121
　1.3 反論を説明する ··· 122
　　コラム 「反対するなら代案出せ」は正しいか？ ································ 129
2 傾聴の技術 ··· 130
　2.1 議論の流れを聞き取る ··· 130
　2.2 主張、理由、データを聞き分ける ······································ 136
　2.3 反論を意識して聞く ··· 148
3 質問の技術 ··· 154
　3.1 確認する ·· 154
　3.2 攻める ·· 158
　3.3 逃げる ·· 166
4 検証の技術 ··· 172
　4.1 何を検証するのか ·· 172
　　コラム 使ってはいけない裏技（不当予断の問い）········· 177

		4.2 理由を検証する	178
		コラム 相関関係は因果関係ではない	185
		4.3 データを検証する	186
		コラム 使ってはいけない裏技（誤った二分法）	191
	5	準備の技術	192
		5.1 メリット／デメリットを準備する	192
		5.2 データを準備する	198
		コラム フェルミ推定	203
		5.3 4つの技術を考慮して準備する	204
		コラム 使ってはいけない裏技（多義あるいは曖昧の詭弁）	208

第3部 議論の実践

1	論点をとらえ、深め、ずらさせない	210
	1.1 論点をとらえ、絞り込む	210
	コラム 使ってはいけない裏技（詭弁すべて）	217
	1.2 論点を深める	218
	1.3 ずれた論点を引き戻す	222
2	議論例と解説	228
	2.1 議論例1	228
	2.2 議論例2	232
	2.3 議論例3	236
3	演 習	240
	3.1 演習1	240

3.2	演習2	244
3.3	演習3	248

おわりに ……………………………………………… 252

序章
なぜ議論の技術なのか

　議論に関する誤解をよく耳にします。議論に勝つ、負けるという誤解です。議論は勝ったり、負けたりするものではありません。議論は、最適なソリューション、つまりWin-Winのソリューションを導くためにするのです。しかし、議論におけるWin-WinとWin-Loseは紙一重なので注意が必要です。また、Win-Winには論理的な議論が必要ですが、何でも論理で片付くというものでもありません。

0.1 論理的な議論とは

▶ ポイント

論理的な議論とは、根拠を検証し合うことで、最適なソリューションを導く話し合いです。論理的な議論には次のような特徴があります。

　何を議論：　施策を検討する
　どう議論：　根拠を検証する
　なぜ議論：　最適な結論を導き出す
　どこで議論：欧米なら学校で学ぶ

▶ 何を議論するのか

議論のテーマには、次の3種類があります。このうち、論理的な議論に適しているのは、施策の検討です。

- 施策の検討
- 事実の認定
- 価値の判断

施策の検討とは、ある施策を実行すべきかどうかの検討です（下例参照）。したがって、議論では、その施策を実行することで、メリットやデメリットが生じるか、メリットとデメリットのどちらが大きいかを検討します。ビジネスにおける議論の中心は、この施策の検討になります。

> 例1：当社は、地熱発電の事業に参入すべきか
> 例2：日本政府は、集団的自衛権の行使を認めるべきか

施策の検討は、論理的な議論に向いています。なぜなら、メリットやデメリットが生じるかは、ステップ・バイ・ステップで論理的に説明しやすいからです。また、メリットやデメリットの大きさも、数値で示しやすいからです。さらに、論理的な検証に必要な信頼できるデータも、文献やインターネットなどから入手しやすいからです。

事実の認定とは、あることが事実かどうかの検討です（下例参照）。議論では、過去にそのことが本当に起きたのか、現状がそのとおりなのか、将来がそのとおりになるのかを検討します。ビジネスにおいて、事実の認定は、施策の検討というテーマにおける議論の一部として扱われます。たとえば、下記の「地熱発電のコストは、火力発電のコストより高いか」というテーマは、「当社は、地熱発電の事業に参入すべきか」という議論の中で論じられます。

> 例1：地熱発電のコストは、火力発電のコストより高いか
> 例2：超能力は存在するか

事実の認定は、論理的な議論にはあまり向いていません。なぜなら、上述のように、ビジネスなら、このテーマは、施策の検討というテーマにおける議論の一部として扱われるからです。日常の議論なら、「超能力は存在するか」のように、事実の認定そのものが議論になることもあります。しかし、その場合でも、論理的な議論には向いていません。なぜなら、言葉の定義といった、つまらない議論に

なりかねませんし、信頼できるデータも入手しにくいからです。たとえば、上記の「超能力は存在するか」というテーマでは、超能力とは何か、存在するとはどのような状態を指すのかといったことを議論しかねません。また、論証に必要なデータも、かなり恣意的な情報になりかねません。

価値の判断とは、「よい」か「悪い」といった価値観の検討です（下例参照）。議論では、「よい」とは、「悪い」とはどういう状態か検討します。ビジネスにおいて、価値の判断が議論されることは、ほとんどありません。

> 例１：終身雇用制は、よいシステムか
> 例２：ペットは幸せか

価値の判断は論理的な議論には向きません。なぜなら、価値観は、論理では説明できない場合が多いからです（「論理は万能ではない」30ページ参照）。たとえば、上記の例２なら、どんな状態が「幸せ」かは、人によって感じ方が異なります。「幸せ」は、理屈では説明できないのです。論理的な議論に慣れている者どうしなら、価値観も議論できますが、一般的には避けたほうが無難です。

▶ **どう議論するのか**

論理的な議論では、相手の根拠を検証し合います。この対極にあるのが、駆け引きや妥協です。

論理的な議論とは、最適な結論を導き出すために、原案

や反論の根拠を検証する話し合いです。そこでは、相手の話の筋が通っていて、正しく論証されているかを検証します（下例参照）。筋が通っていなかったり、正しく論証されていなかったりすれば、その問題を指摘し、是正するよう促します。この是正を通じて、論理的で最適化された結論を導き出そうとします。その結論に対して、当事者の全員が納得できることを目指します。

> 例：「5％の値上げの依頼をいただきましたが、5％の根拠は何ですか？」

　論理的な議論と対極にあるのが駆け引きや根回し、妥協です。そこでは、相手の話を検証するのではなく、譲歩や戦略で結論をまとめようとします（下例参照）。とくにありがちなのが、双方が譲歩し合うことです。「こちらがこれだけ譲歩したのだから、そちらも譲歩してください」という話し合いです。妥協した結論に対して、当事者の一部に不満が残っても、まとめることを目指します。

> 例：「5％の値上げの依頼をいただきましたが、5％は大きいので、2％ではいかがですか？」

▶ なぜ議論するのか

　議論は、最適な結論を導き出すためにするのです。勝つためにするのではありません。勝つことを目指すと、議論に勝っても、結局は失敗に終わります。

序章　なぜ議論の技術なのか

　議論は、論理的で最適な結論を導き出すためにするのです。論理的な議論では、原案や反論に対する根拠を確認し、その根拠を検証します。その結果、論点が深まり、今まで見えなかった解決策が見えてくるようになります。議論を通じて、最適解が導かれるのです。知恵を寄せ集めて結論を導いたのですから、当事者には満足感が残ります。

　多くの人が勘違いしていますが、議論は勝つためにするのではありません。自分の意見を押し通すためや、白黒をはっきりつけるために議論するのではありません。世の中には「議論に勝つ本」なるものが多く出版されていますが、そのタイトルを鵜呑みにしてはいけません。相手を言い負かして、自説を押しつけたのでは最適解は導けません。当事者に感情的なしこりが残るだけです。

　議論に負ければ屈辱を感じます。「議論に負けたのは、ロジックが負けただけで、屈辱を感じる必要はない」と書いてある本もありますが、そんなふうに割り切れるものではありません。なぜなら、人は論理的であることに高い価値を置いているからです。とくにビジネスの現場で、高い地位の人ほどその価値観は高まります。そういう人にとって、論理での負けは、「自分は無能だ」と烙印を押されたのと同じなのです。

　ですから、仮に議論に勝っても、結局は失敗に終わります。勝った側は気持ちがよいかもしれませんが、負けた側は不快に思っているのです。いくら勝った側のロジックが

より論理的であったとしても、負けた側が協力してくれるはずはありません。まして、負けた側のほうの立場が上であれば、「分かった。もう二度と私の前に顔を出すな」と言われて終わってしまいます。

▶ どこで議論するのか

言うまでもなく、議論は日常のあらゆる場で行われます。では、どこで議論を学ぶかというと、欧米では学校です。一方、日本では、議論の仕方を学ぶ場がないので、日本人は議論が苦手です。

欧米では多くの学校が、ディベートを通じて議論の仕方を指導しています。ディベートとは、あるテーマを肯定側と否定側に分かれて、ルールに基づいて議論をし、最後に第三者であるジャッジが、肯定側と否定側のどちらがより論理的であったかを判定するゲームです。アメリカのディベートの全国大会組織 National Debate Tournament のホームページ（http://groups.wfu.edu/NDT/）によれば、1947年の設立以来、297の大学がこの全国大会に参加しています。現在でも93校が年間を通じてランキング争いをしています。それほどディベートが盛んなのです。

こう言うと、「ディベートは勝つためにやる議論だ」と反論したくなるかもしれませんが、ディベートの勝ち負けはおまけに過ぎません。ゲーム形式にしたほうが、盛り上がり、学習意欲がわくので、勝ち負けをつけているのです。ディベートを教育に導入する目的は、あくまで論理的

な議論ができるようにするためです。議論に勝つためではありません。その証拠に、ディベートでの勝敗は、論理性のみで決まります。相手をやり込めても、その発言に根拠がないなら、ジャッジはその発言を有効とはしません。

さらに、欧米では学校で議論の場が多く設けられます。中学や高校でも議論の場は多くありますが、大学ではさらに多くなります。欧米の大学では、講義の前に教科書を読んでくるよう宿題が出ます。授業では講義はせずに、読んできた内容をもとに議論することが多くなります。講師は、その議論が論理的な成果を生むよう誘導します。このように、議論の経験も、日本よりずっと多いのです。

一方、ほとんどの日本人は、議論の仕方を学んだことがありません。議論の場では、感じたことを自由に述べているだけです。議論の仕方を知らないので、根拠を持って述べられません。相手の根拠の検証もしません。その結果、日本人が議論と称している行為は、単なる感想の述べ合いです。あるいは、根拠のない主張の述べ合いであったり、相手の根拠を検証しない怒鳴り合いだったりします。

その結果、議論の仕方を知らないだけなのに、日本人の多くは、自分は議論が下手だと思い込んでいます。日本人の議論下手については、誤解を超えて周知の事実と言えるかもしれません。ちなみに、「日本人は議論が下手」を、インターネットの大手検索サイトGoogleで検索すると、400万件以上ヒットします。

▶ ポイント確認

問題：

論理的な議論に適しているテーマはどれでしょう。
① 当社は、店舗を24時間営業にすべきかどうか
② 当社は、ブラック企業かどうか
③ 当社は、よい企業かどうか

解答： ①

解説：

①は、施策の検討なので、論理的な議論に最も適しています。なぜなら、施策の検討は、そのメリットやデメリットを、論理的に検証しやすいからです。たとえば、このテーマなら、24時間営業は企業に利益をもたらすのか、社員に負担を強いないか、というメリットやデメリットを、信頼できるデータを使って検証できます。

②は、事実の認定なので、論理的な議論には適しません。なぜなら、事実の認定の場合、言葉の定義論争になったり、信頼できるデータを入手しにくかったりするからです。このテーマなら、「ブラック企業とは」を議論することになりますし、客観的なデータも入手が困難です。

③は、価値の判断なので、論理的な議論には適しません。なぜなら、価値観は論理では説得できないからです。たとえば、どんな手段を使ってでも利益を上げるのがよい会社と思う人を、社会に貢献しているのがよい会社であると思い直すように説得はできません。

0.2 論理的な議論でWin-Winに導く

▶ ポイント

ビジネスでは、当事者すべてが満足できるWin-Winが基本です。Win-Winのソリューションを導くには、論理的な議論が必要です。しかし、Win-WinもWin-Loseもじつは紙一重の差しかありません。その違いは、議論の結果をどう相手に伝えるかだけです。

▶ ビジネスはWin-Winが基本

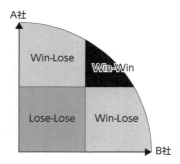

ビジネスを成功に導くのは、当事者全員が満足できるWin-Winの結論のはずです。Win-Winの結論とは、当事者全員の利益が最大化するソリューションです（右図参照）。Win-Winの結論が導ければ、良好な関係が保てます。社内であれば、プロジェクトがうまく進みます。社外であれば、継続したビジネスが可能になるので、安定した利益を生みます。

一方、片方だけが利益を得られるようなWin-Loseの結論では、ビジネスは成功しません。利益を得られなかった側は、一方的な利益を得た側とは、二度とビジネスをしたいとは思わないでしょう。社内であれば、プロジェクトがギクシャクします。社外であれば、ビジネスの継続は困難

です。新規の、しかも1回限りのビジネスばかりでは、コストや労力だけがかさみます。まして、Win-Winのソリューションを提示してくれる第三者が現れれば、ビジネスはその第三者が取っていくことになります。

▶ 論理的な議論ができないとLose-Loseを招く

論理的な議論ができないと、駆け引きや根回しでしのぐことになります。あるいは、論理的ではないソリューションを導くことになります。不十分なソリューションではどちらも利益を得られないLose-Loseに陥るだけです。

次の事例で考えてみましょう。

> あなたは、あるソフトウェアを開発するプロジェクトのリーダーです。現在進めているプロジェクトがスケジュールから4週間も遅れています。この件について、上司とミーティングを持つ予定です。上司は、プロジェクトのスケジュールを守るよう求めてくるでしょう。このミーティングで、あなたはどのようなことを上司と議論しますか？

論理的な議論ができないと、陥りやすいのは駆け引きや根回し、妥協です。たとえば、この事例で上司が、「4週間の遅れを取り戻せ」と言ってきたのに対して、「4週間も取り戻すのは難しいので、2週間遅れで仕上げることで勘弁してもらえないでしょうか」と切り出すことになります。つまり、4週間の遅れをどこまで詰めるかを駆け引き

し、妥協へと持ち込むのです。

あるいは、論理的な議論ができないと、論理的ではない結論でその場をしのごうとします。たとえば、この事例では「人員の配置を見直すことで、なんとか4週間の遅れを取り戻します」と、その場しのぎの策を述べます。しかし、「人員の配置を見直すことで」プロジェクトが効率的に進むなら、「なぜ、最初からそうしなかったのか」という疑問がわくはずです。この対策はその場しのぎであって、論理的ではありません。

いずれにしろ、論理的な議論ができないと、ビジネスは失敗します。「2週間遅れで仕上げる」と上司と約束しても、プロジェクトを2週間早める根拠が検討されていなければ、結局は4週間遅れのままでしょう。「人員の配置を見直す」と言っても、最初に最適配置をしているはずなので、プロジェクトは加速しないでしょう。どちらにしろ、プロジェクトの失敗は目に見えています。

▶ 論理的な議論がWin-Winのソリューションを生む

論理的な議論では、根拠を検証しながら論点を深めていきます。この作業により、より完成度の高いWin-Winのソリューションが導かれます。

論理的な議論ができると、反論の根拠を確認し、検証することを始めます。たとえば先の事例では、「4週間の遅れを取り戻せ」と言ってきたのに対して、「4週間の遅れ

を取り戻すのは難しい」と反論するなら、なぜ難しいかの根拠を確認します。たとえば、「この作業に、これだけの時間がかかるから」といった根拠です。そこで、本当にその作業は必要か、本当にそれだけの時間が必要か、を検証することになります。

検証するにつれ、論点が深まり、今まで見えなかった解決策が見えてきます。たとえば、重要性の低いことを犠牲にして、より重要性の高いスケジュールを優先しようという解決策です。そこで、「人を増やしてください」(お金あるいは他のプロジェクトを犠牲にする)、「品質を下げさせてください」(品質を犠牲にする)、「機能を減らさせてください」(機能を犠牲にする) という代案が出てきます。

そこで、さらに議論を深めて最適な結論を導き出します。たとえば、「オプション機能を一部切り捨てて、スケジュールを優先しよう」という結論です。あるいは、「バグが出るリスクは承知の上で、プログラム検証を短縮して、スケジュールを優先しよう」という結論です。どのくらい機能を削れば、あるいは、どのくらいプログラム検証を短縮すれば、4週間早められるのかも論理的に検証します。

導き出された結論は論理的なので、プロジェクトはその結論どおりに進みます。プロジェクトメンバーがやるべき作業も明確です。論理的に導き出した結論なので、上司もプロジェクトリーダーも、さらにはプロジェクトメンバーも納得します。

▶ Win-WinもWin-Loseも基本は同じ

　Win-WinもWin-Loseも、論理的に議論するという点では同じです。したがって、必要な技術は一緒です。

　ビジネスでは、Win-Winが基本ですが、ときにはWin-Loseが必要なときもあります。たとえば、継続的なビジネスが期待できない1回限りのビジネスです。あるいは、反社会的勢力とのビジネスのように、利益とは関係なく、ポリシーとして譲れない場合です。Win-Winのソリューションが最初から不要あるいは不可能と分かっていれば、Win-Winにこだわる必要はありません。

　じつは、Win-WinもWin-Loseも基本的なアプローチは同じです。どちらにせよ、原案や反論に対する根拠を確認し、その根拠を検証し、論点を深めていきます。アプローチが同じなので、Win-Loseを争うディベートを通じて、Win-Winのソリューションを導く論理的な議論の仕方を学べるのです。ディベートは、Win-Loseを争うから、Win-Winのビジネス現場では使えないと考える人がいますが、そういう人は、単に応用力がないだけのことです。

▶ Win-WinとWin-Loseの違いは最後の詰めだけ

　Win-WinとWin-Loseの違いは、最後の詰めの部分に過ぎません。論点を深めた結果、問題点が明らかになったとき、Win-Winなら、その問題点をどう解決すればよいかをさらに検討していきます。Win-Loseなら、その問題点を盾に、相手の主張を否定すればよいのです。

たとえば、次の事例で考えてみましょう。

> 「当社もアメーバ経営を導入すべきです。アメーバ経営とは、企業を10人前後の小集団のアメーバに分け、各アメーバが独立採算で活動し、アメーバ間で時間当たりの採算を競う経営です。各アメーバが独立採算で時間当たりの採算を競うため、メンバーの経営者意識や参加意識が高まります。メンバーの意識が高まれば、メンバーは積極的に業務に対して工夫を凝らすようになります。メンバーによる工夫の結果、会社全体の利益が大きく向上します」

この事例なら、次の3つの点を検証し、その中から深く議論する論点を決めます。
- アメーバ経営を導入すると、メンバーの経営者意識や参加意識が高まるのか
- メンバーの経営者意識や参加意識が高まると、メンバーは、積極的に業務に対して工夫を凝らすようになるのか
- 積極的に業務に対して工夫を凝らすと、会社全体の利益が大きく向上するのか

たとえば、上記の3番目の論点を深めた結果、次のような問題が明らかになったとしましょう。

> 「小集団のアメーバが、業務に対して工夫を凝らして、本当に会社全体の利益が大きく向上するのか？ アメーバ経営だと部分最適化に陥らないか？ 小集団の部分最

> 適化より、トップによる全体最適化のほうが会社全体の利益に貢献するのではないか?」

 問題点が明らかになったら、あとはWin-WinとWin-Loseで最後の表現の仕方が変わります。そこにたどり着くまでの、議論における最も重要な部分は何も変わりません。次のように表現すればよいのです。

> Win-Win: 「アメーバ経営でも、部分最適化に陥らない方法は何か考えられませんか?」
> Win-Lose: 「アメーバ経営では、部分最適化に陥ってしまいます。導入すべきではありません」

 さらに、Win-Winのような表現を使いつつ、実質的にはWin-Lose に持ち込むことも可能です。問題点の解決を優先するよう迫れば、相手の主張は通らないからです。たとえば、上記のアメーバ経営の例では、次のように表現すればよいのです。

> Win-Lose: 「部分最適化ではなく、全体最適化の手法を先に検討し、それからアメーバ経営の実施を検討しましょう。検討不足で突っ走っては、せっかくのよい対策も効果を発揮できません」

▶ ポイント確認

問題：

　先のアメーバ経営の事例において、1番目の論点を深めた結果、次のような問題が明らかになったとします。このとき、どのように述べればWin-Winに、あるいはWin-Loseに導けるでしょうか？　Win-WinとWin-Loseのそれぞれで、述べ方を考えましょう。

> 「アメーバ経営を導入すると、本当にメンバーの経営者意識や参加意識が高まるのか？　採算の取れやすい仕事と、採算の取れにくい仕事がある。異なる仕事で、時間当たりの採算を競ったのでは平等ではない。採算の取れにくい仕事を担当しているアメーバから不満が出ないか？　そのようなアメーバのメンバーで経営者意識や参加意識が高まるのか？」

解答：

Win-Win：　時間当たりの採算を、各アメーバが平等に競う方法は何か考えられませんか？

Win-Lose：　アメーバ経営では、平等な競争は無理です。不利な競争を強いられるアメーバのメンバーの不満が高まりますので、導入すべきではありません。

0.3 論理は万能ではない

▶ ポイント

論理的な議論は、Win-Win のソリューションを導くために有効な手段ですが、論理がすべてというわけではありません。まず、価値観は論理で説明できません。また、論理で説得できるのは論理的な人だけです。さらに、論理より習慣が優先することも珍しくはありません。

▶ 価値観は論理で説得できない

好きか嫌いかとか、よいか悪いかといった価値観は、論理的な議論に向きません。多くの場合、価値観は理屈ではありません。たとえば、「このビールは苦いから好き」という人もいれば、「苦いのは苦手」という人もいます。好きか嫌いかに理屈はありません。「苦いから好き」の人は、「苦いのは苦手」の人を、理屈で「苦いから好き」には変えられません。

価値観が議論になりそうなときは、論理的に議論できるテーマに置き換えましょう。

悪い例：この製品はうまいか、まずいか
よい例：この製品の味は受けるか、受けないか

うまいか、まずいかは価値観なので議論しにくいテーマです。しかし、同じ味覚でも、この味は大衆受けするかどうかは、データなどから論理的に議論できます。

▶ 論理で説得できるのは論理的な人だけ

　論理的ではない人と論理的な議論をするのは無駄です。論理的でない人の代表例は、主張だけ述べて根拠を述べない人です。自分が根拠を述べないので、人の根拠も聞きません。根拠の検証なしに論理的な議論はできません。こういう人に根拠を聞くと、「だって、これまでこうしてきたからだよ」などと、非論理的な根拠を言ったりします。

　論理的ではない人には、人間関係や信頼関係といった別のアプローチを使いましょう。良好な人間関係や信頼関係を築いておけば、「まあ、あいつの言っていることだから、気に入らない内容だが、ここは黙っていよう」「あいつには借りがあるからここは譲ろう」となるわけです。

▶ 論理より習慣が優先する

　すでに習慣として固定している場合は、論理で変更できません。仮にその習慣が納得できなくても、習慣は論理に優先します。たとえば、人事システム上は成果主義になっていても、現場では習慣的に年功序列で評価を決めていたとします。自分の部下が大きな成果を出したからといって、論理的な議論で部下に高い評価はつけられません。

　納得できない習慣を、論理的な議論で変更するには、周到な準備と大きなエネルギーが必要です。十分に理論武装し、データを集め、人間関係なども使って味方を集めなければなりません。何しろ敵は大勢いるのです。この準備を面倒と思うなら、あきらめるしかありません。

序章　なぜ議論の技術なのか

▶ ポイント確認
問題：
　ある人が以下のような意見を述べてきました。どう議論したらよいでしょうか。

> 「人が不幸になっても、自分さえ幸せならそれでよい。犯罪で手に入れたお金であろうが、お金の価値に差はない。人を陥れてでも、金持ちになりたい」

解答：
「犯罪は割に合うかどうか」で議論するか、そもそも議論自体をしない。

解説：
「人が不幸になっても、自分さえ幸せならそれでよい」は価値観なので、論理的な議論には向きません。議論するなら、「犯罪は割に合うかどうか」のように、論理的に検証しやすいテーマに置き換えましょう。そうでないなら、論理では説得できないので、議論をしないことです。

　なお、大多数の人が同じ価値観を持つと、それは常識とかマナーと呼ばれます。そのため、常識やマナーは理屈で説明できないことも、場所によって変わることもあります。たとえば、「人前でゲップをしてはならない」は、一部の国や地域では常識やマナーです。しかし、別の国や地域では、「食事に満足した証としてゲップをする」が常識やマナーとなっているところもあります。

第1部 議論の基礎

　議論とは、主張を述べ合うことによって論点を深めることです。したがって、議論において最も基本的なことは、主張を正しく構成することです。主張は、根拠、つまり理由とデータで裏付けられていなければなりません。また、論理的に議論するためには、議論のルールを守らなければなりません。議論は、このルールに基づいて、テーマに対する原案を提示することで始まります。原案を聞いた側は、やはりルールに基づいて、反論を述べます。議論とは、この原案に対する反論の応酬です。

1 議論の基本は、主張の構成にある

この章のPOINT

議論の基本である主張には、根拠である理由とデータが必要です。理由は主張でもあるので、この理由にさらに根拠が必要です。1つの大きな主張は、この理由が複数、接続（リンク）されて構成されます。

1.1 主張には、根拠（理由とデータ）が必要である

▶ ポイント

議論における主張は、反対意見の人を説得する、「反対意見への反論」としての側面もあります。説得には、根拠が必要です。根拠には理由とデータの2種類があります。

▶ 主張は反論である

主張が先にあり、次に反論があると考えるかもしれません。しかし、主張は最初から、反論としての性質を持っています。反論である以上、主張は、異なる意見の人を説得する行為と言えます。

反論の余地がないことを主張することはありません。たとえば、「命は大切だ」や「太陽は東から昇る」などということを、声高に主張する人はいません。あるいは、全員が賛成すると分かりきっている議案に対して、「私は賛成です」と意見表明する人はいません。当たり前すぎて、主張する意味がないからです。

主張するということは、反対意見を念頭に置いているのです。たとえば、「命は大切だ」と主張するときは、命を大切にしない人を念頭に置いているはずです。賛成意見ですら、反対意見を念頭に置いています。「私はＡ氏の意見に賛成です」という主張は、「私はＡ氏の意見に反対です」と述べる人に、先手を打って賛同を表明しているのです。

　つまり、主張は、ある意味で反論なのです。「○○すべきだ」と主張することは、「○○すべきではない。現状維持で十分だ」と考えている人に対して反論しているのです。本書では「議論とは、テーマに関する最初の主張（原案）に対して、反対の主張（反論）を述べ、その後は反論の応酬によって論点を深めること」と述べています（84ページ参照）。しかし、これは便宜上、最初の主張を原案と呼んでいるだけで、原案は実質的には反論とも言えます。

　主張は、反論の性格を持つ以上、説得する行為です。つまり、主張は、対抗する意見より、自分の意見のほうが正しいことを説得する行為です。説得を伴わない意見表明は主張ではありません。「他の人の意見は知りませんし、興味もありませんが、私はこう考えています」は主張ではありません。単なる独り言です。独り言では議論になりません。

▶ **主張には根拠が必要である**
　説得力が求められる以上、主張を述べたら、根拠を述べなければなりません。しかし、意外にも、根拠を述べずに主張する人は多いのです。

主張には根拠が必要です。根拠があるから、「なるほど、その主張はもっともだ」と思えるのです。根拠が、具体的で詳細であるほど、論理性が生まれます（下例参照）。

> 悪い例：「本書は、議論を学ぶもの全員が、必ず読まなければなりません」
> よい例：「本書は、議論を学ぶもの全員が読むべきです。なぜなら、議論の技術が、豊富な具体例で体系的にまとめられているからです。さらに、演習で確認もできるからです」

根拠を必要としない主張は、当たり前のことを述べる場合だけです。当たり前のことは、聞き手を説得する必要がないので、根拠を述べる意味はありません。たとえば、「戦争のない世界が望ましい」には、根拠は不要です。根拠を述べなくても、聞き手は全員、「その主張はもっともだ」と思うからです。逆に言えば、根拠を必要としない主張は、当たり前すぎてわざわざ主張する意味はありません。

主張に根拠が必要なのは当たり前のようですが、じつは多くの人が根拠を述べずに主張を述べます。それも、世間では知識人と思われている人（大学教授など）でも、根拠なく主張します。新聞の社説でも、ビジネス書でも、根拠のない主張を目にします。

たとえば、次に示す記事で、筆者は「好ましくない」と主張していますが（下線部）、その根拠は述べていません。

> それに、ディベート形式のトレーニングばかり積むと、相手の発言の本質をとらえる努力をせずに、あら探しばかりするようになる。また、ディベートでは往々にして、立場を変えていかようにでも議論できることを求める。しかし、<u>自分の価値基準を離れて論理構成をするという習慣を身につけるのは決して好ましくない。</u>
> 　説得力が必要とされるケースとは、自分と相手の価値基準が異なるときである。このとき論理力に頼ると、双方の価値基準の対決のようになってしまい、相手を否定することで自分を認めさせる構図になる。
>
> (「週刊ダイヤモンド」2005年6月11日号　齋藤孝明治大学教授「説得力」
> 下線は引用者)

同様に、以下の新聞の社説では、異論を無視して「育んでもらいたい」と主張だけを述べています(下線部)。

> 　答申は、小中学校の発達段階や学年により「信頼」「思いやり」「公正」など留意するキーワードを明示した。指導上、わかりやすいものだが、これに対しても「押しつけ」との異論があった。
> 　親や教師が戦後教育で育った世代には、こうした徳目の大切さが伝わりにくい。<u>勇気や正義を「押しつけ」といわず、その大切さを語り、育んでもらいたい。</u>
>
> (産経新聞2014年10月26日付　主張「道徳の教科化　心捉える教科書と指導を」
> 下線は引用者)

第1部 議論の基礎

▶ 根拠には理由とデータがある

根拠は、「理由」と「データ」から構成されます。両方とも揃うのが理想ですが、片方だけで論じる場合もあります。

本書でいう「理由」とは、「主張」を導き出す理屈です（右図参照）。「理由」は、なぜその「主張」が成立するのかの答えとなります。具体的には、次のようになります。

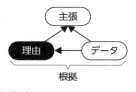

> 主張：当社は、製品の製造委託先をA国の会社からB国の会社に変更すべきである
> 理由：A国よりB国のほうが、製造コストが安いから

本書でいう「データ」とは、「主張」や「理由」を裏付ける具体的な証拠です（右図参照）。「データ」は、なぜその「主張」が重要かの答えとなります。具体的には、次のようになります。

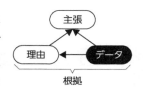

> 理由：　A国よりB国のほうが、製造コストが安いから
> データ：当社の見積もりによれば、B国で作れば、A国で作るのに比べて45%のコストで済む

根拠は、この「理由」と「データ」が揃うと分かりやすく、説得力を持ちます（次ページの例参照）。

1 議論の基本は、主張の構成にある

> 主張： 当社は、製品の製造委託先をA国の会社からB国の会社に変更すべきである
> 理由： A国よりB国のほうが、製造コストが安いから
> データ：当社の見積もりによれば、B国で作れば、A国で作るのに比べて45%のコストで済む

ただし、理由とデータの一方だけを述べる場合もあります。いつでも両方が揃うわけではありません。理由が分かりきっていれば、データだけを根拠とする場合もあります。逆に、正確なデータがなければ、理由だけを根拠とする場合もあります。

データだけを根拠とする場合：

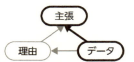

> 「当社は、製品の製造委託先をA国の会社からB国の会社に変更すべきです。なぜなら、当社の見積もりによれば、B国で作れば、A国で作るのに比べて45%のコストで済むからです」

理由だけを根拠とする場合：

> 「当社は、製品の製造委託先をA国の会社からB国の会社に変更すべきです。なぜなら、製造コストがA国よりずっと安いからです」

第1部 議論の基礎

▶ ポイント確認

問題:

　以下は、読売新聞（2014年10月7日付）の社説「大学中退調査　経済的な負担を軽くしたい」の一部分です。この部分の最も中心となる主張と、その理由、データを指摘しましょう。

> 　12年度に休学した学生は、6万7000人だった。そのうち、海外留学を理由にした休学は1万人にとどまる。
> 　海外で異文化に接し、様々な経験を重ねる留学は、学生が成長する上で貴重な機会だ。
> 　ところが、「卒業が遅れ、就職で不利になる」といった懸念が、学生には根強い。企業の間に、留学体験を積極的に評価する意識が広がってほしい。
> 　学生が留学時に取得した単位を、日本の大学が卒業単位に認定するなど、留学しやすい環境を整えることも重要だ。

解答:

主張：　企業と大学は、学生が留学しやすいよう評価や対策を見直すべきだ

理由：　留学は、学生が成長する上で貴重な機会にもかかわらず、「卒業が遅れ、就職で不利になる」といった懸念で、学生が留学に消極的だから

データ：12年度に休学した学生は、6万7000人だった。そのうち、海外留学を理由にした休学は1万人にとどまる

コラム ▶ **トゥールミンの議論モデル**

　議論を勉強したことがある人は、38ページの「根拠には理由とデータがある」を読んで、トゥールミンの議論モデルを思い出したかもしれません。しかし、本書で紹介している議論モデルは、トゥールミンのモデルを変形させた筆者オリジナルです。

　トゥールミンの議論モデルとは、「主張」を導く根拠の中心に「データ」を置き、「データ」と「主張」を結びつけるものを「論拠」とする考え方です。つまり、なぜ「主張」が成立するのかを、「データ」で示し、なぜこの「データ」だと「主張」が成立するのかを、「論拠」が示しているとする考え方です。

　主張：　Aさんは、今日、出社しないだろう
　データ：Aさんは、昨日、ひどい風邪を引いていた
　論拠：　高熱のときには、体調管理を優先する

　一方、本書で紹介しているモデルでは、「主張」を導く根拠の中心に「理由」を置き、「理由」を補強する情報を「データ」としています。つまり、なぜ「主張」が成立するのかを、「理由」で示し、なぜこの「理由」だと「主張」が成立するのかを、「データ」で示しているのです。

　主張：　Aさんは、今日、出社しないだろう
　理由：　Aさんは、昨日、ひどい風邪を引いていた
　データ：〇〇の調査によると、体温が38℃以上あるようなひどい風邪のときには、80％の人が体調管理を優先する（仮想データ）

1.2　理由は主張でもある

▶ ポイント

理由は、根拠であると同時に主張としての性格も持ちます。ですから、その理由にさらに根拠が必要になることがあります。さらに、その根拠に根拠が必要になることもあります。根拠が当たり前になったら、根拠を述べる必要がなくなります。

▶ 理由にも根拠が必要

理由は、主張とも言えます。たとえば、先の例で「A国よりB国のほうが、製造コストが安い」は、理由ではありますが、見方を変えれば主張です。なぜなら、この理由は「安いと思う」という意見だからです。述べられた情報だけでは、真実と認識できません。この理由は主張でもあるので、聞き手は、「なぜ、A国よりB国のほうが、製造コストが安いのか」とか、「製造コストを細かく分析すれば、じつはA国のほうが安いかもしれない」と思うかもしれません。

理由が主張なら、その理由にも根拠が必要です。先の例なら、「なぜ、A国よりB国のほうが、製造コストが安いのか」という疑問に答える根拠です。その根拠とは、たとえば「B国のほうが、人件費が安いから」という理由と、その理由を裏付ける具体的な証拠であるデータです。あるいは、「B国のほうが、人件費以外のコストである教育費や採用活動費が少なくて済むから」という理由と、その理由を裏付ける具体的な証拠であるデータです（次の図参照）。

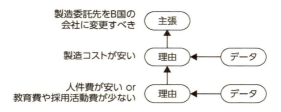

▶ 理由の理由にも根拠が必要

さらに言えば、理由の理由も主張ですから、そこにまた根拠が必要です。先の例で言えば、「なぜ、B国のほうが、人件費が安いのか」「なぜ、B国のほうが、人件費以外のコストが少なくて済むのか」という疑問に答える根拠です。その根拠とは、たとえば、「B国のほうが、物価が安いから」という理由と、その理由を裏付ける具体的な証拠であるデータです。あるいは、「B国のほうが、離職率が低いから」という理由と、その理由を裏付ける具体的な証拠であるデータです（次の図参照）。

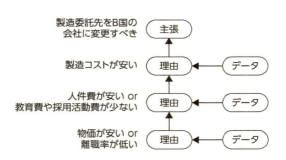

第1部 議論の基礎

▶ 理由が当たり前になったら根拠を述べない

　理由が当たり前になるまで、その理由に対して根拠を述べることを繰り返すことになります。

　理由が当たり前になったら、理由に対して根拠を述べる必要はありません。聞き手を説得する必要のない、当たり前の主張に根拠は不要です（「主張には、根拠（理由とデータ）が必要である」34ページ参照）。根拠は、「なぜ？」「本当？」と思う人を説得するために必要なのです。「なぜ？」「本当？」と思う人がいないなら、根拠を述べる必要はありません。たとえば、「A国よりB国のほうが、人件費が安いから」という理由に対して、裏付けとなるデータを示せば、「なぜ？」という疑問は出ないかもしれません。疑問が出ないと判断するなら、「A国よりB国のほうが、人件費が安いから」という理由に根拠を述べる必要はありません。

　しかし、理由が当たり前ではないのなら、根拠を述べなければなりません。なぜなら、当たり前ではない理由（＝主張）には、「なぜ？」「本当？」と思う人が出かねないからです。その人を説得するためには根拠が必要です。たとえば、「A国よりB国のほうが、人件費が安いから」という理由に対して、「なぜ？」という疑問が出かねないと判断するなら、「A国よりB国のほうが、人件費が安い」根拠を述べなければなりません。

1 議論の基本は、主張の構成にある

▶ **ポイント確認**

問題:

以下の主張を、根拠を掘り下げた図（43ページ参照）で表現してみましょう。ただし、論理的な分析をするには、下記に記載されていないことも考慮して図式化する必要があります。

> 「当社は、英語を公用語とすべきです。なぜなら、質の高い社員を採用できるからです。英語を公用語としている楽天の三木谷社長によれば、『（楽天が）日本で採用したエンジニアの70％は外国人』だそうです」

解答:

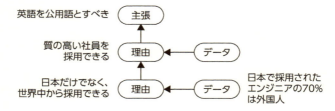

解説:

「（楽天が）日本で採用したエンジニアの70％は外国人」というデータは、「質の高い社員を採用できる」という理由を裏付けてはいません。このデータは、「世界中から社員を採用できる」という、「質の高い社員を採用できる」という理由（＝主張）の理由を裏付けているのです。

1.3 主張は、理由のリンクで構成される

▶ ポイント

現実的な状況では、主張は、複数の小さな主張が接続（リンク）し合っています。このリンクは、理由には理由が必要であることを繰り返しているのと同じです。したがって、理由のつながりであるリンクは、データで補強します。このリンクが飛ぶと、論理性が失われるので注意が必要です。

▶ **主張は小さな主張の接続（リンク）である**

主張は、小さな主張がいくつも接続されて構成されています。この接続を、本書ではリンクと呼ぶことにします。

現実的には、主張と根拠だけで説明するのではありません。なぜなら、主張と根拠だけを述べたのでは、主張と根拠が離れすぎているために納得感が生じないからです。たとえば、以下のような説明では、「なぜ、アメーバ経営で利益が向上するのだろう」という疑問がわくはずです。

> 主張： 当社は、アメーバ経営を導入すべきだ
> 理由： 会社全体の利益が大きく向上するから
> データ：アメーバ経営を実践した京セラは、グループ全体で売上高1兆2000億円へと成長した

注：アメーバ経営とは、企業を10人前後の小集団（アメーバ）に分け、各アメーバが独立採算で活動し、時間当たりの採算を競う経営

そこで、現実的には、主張と理由の間を説明します。先の例で言えば、「なぜ、アメーバ経営を導入すると、利益が大きく向上するのか」を次のように説明するはずです。

> 「アメーバ経営を導入すると、各アメーバが独立採算で時間当たりの採算を競うことになります。そのためアメーバのメンバーに、経営者意識や参加意識が高まります。メンバーの意識が高まれば、メンバーは積極的に業務に対して工夫を凝らすようになります。現場のメンバーが工夫すれば、施策がより現場に合った内容になります。施策の質が上がれば、会社全体の利益が大きく向上します」

この説明は、図式化すると、次のように複数の主張のリンクとして表現できます。

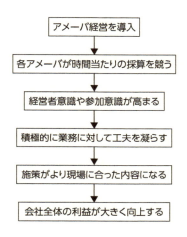

第1部 議論の基礎

▶ リンクができるのは、理由には理由が必要なのと同じ

複数の主張がリンクしている状態は、理由に対して理由を繰り返している（右図参照）のと同じです（「理由は主張でもある」42ページ参照）。なぜなら、前ページの図を上下反転し、一部を変えると、次のようになるからです。

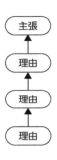

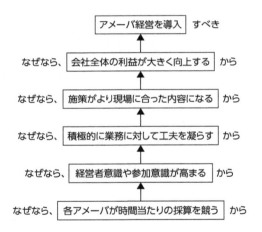

ただし、説明するときは、前ページのように、主張のリンクの順を使います。つまり、「AするとBになる」「BになるとCになる」と、ステップ・バイ・ステップで説明します。このほうが分かりやすいからです。上記のように、「なぜなら」でつなぐと分かりにくくなります。

48

1 議論の基本は、主張の構成にある

▶ **リンクをデータで補強する**

主張のリンクで説明するときには、各ステップにデータがあると理想的です（右図参照）。つまり、理由をそれぞれ主張と見立てて、そこに根拠である理由とデータを述べるのです。たとえば、前ページの下の図は、データを述べると次のようになります。

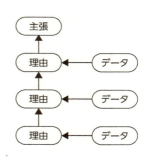

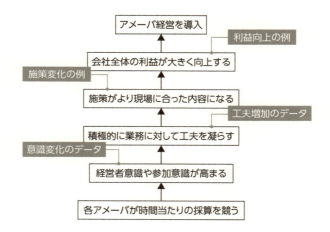

第1部 議論の基礎

▶ リンクは飛びやすい

主張をするときに、このリンクが飛びやすいので注意が必要です。リンクが飛ぶと、非論理的になったり、議論で大事なポイントを見落としたりすることになります。

たとえば、「家庭ゴミの収集を有料化すべきである」というテーマで次のように論じたとしましょう。

> 「家庭ゴミの収集を有料化すべきです。ゴミを出すのにお金がかかるなら、各家庭はゴミをなるべく出さなくなります。ゴミが減れば、焼却炉の増設を抑えられ、ゴミの最終処分場の確保も容易になります。その結果、自治体、ひいては住民の負担が減ります」

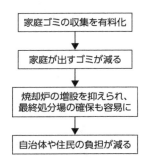

この主張では、「ゴミの収集を有料化する」と「ゴミが減る」との間のリンクが飛んでいます。なぜ、「ゴミの収集を有料化すると、ゴミが減る」のでしょう。「ゴミの収集を有料化すると、ゴミを出したくなくなる」は理解でき

50

ますが、ゴミはゴミです。出したくないかどうかにかかわらず、出さざるを得ません。ゴミを家の中に溜め込んだり、庭に埋めたりすることはできません。

　そこでこのリンクを埋めるために、「積極的にリサイクルを進める」というステップが必要です（下図参照）。ゴミの収集を有料化すると、ゴミを減らすために、従来なら安易にゴミとして出していた紙や発泡スチロールのトレイを、リサイクルに回すようになります。リサイクルに回す分は無料だからです。その結果、ゴミが減るのです。

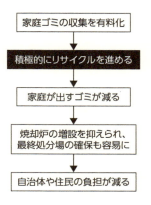

　リンクが飛ぶと、論理性が失われるだけでなく、大事なことを見落としかねません。たとえば上記の例なら、家庭ゴミの収集を有料化すると、リサイクルが増えることが予想されます。しかし、このリンクを飛ばしたまま議論すれば、リサイクル急増への対策を見落としてしまいます。

第1部 議論の基礎

▶ ポイント確認
問題:

以下は、経済財政諮問会議・産業競争力会議合同会議（2014年4月22日）で出された提案の趣旨です。この主張を、複数の主張がリンクした図（47ページ参照）で表現してみましょう。

> 労働時間ベースではなく、成果ベースの労働管理を基本とする労働時間制度を創設すべきです。時間や場所が自由に選べる働き方なので、高い専門性を有する人材だけでなく、子育て世代、親介護世代、定年退職後の高齢者など、国民全員の意欲と能力を最大限に活用できます。

解答:

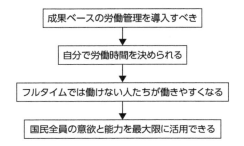

解説:

論理的な検証をするためにも、ステップ・バイ・ステップで、主張を分析することが重要です。ステップを飛ばすと、検証が難しくなります。

コラム ▶ どこまで理由に対して根拠を述べるのか

　本書では、「理由が当たり前になったら根拠を述べない」と述べています（44ページ参照）。この当たり前の根拠は、価値観や常識と強い結びつきがあります。

　たとえば通常の状況では、正当防衛を除けば、「人を殺してはならない」は当たり前です。したがって、実現のために人を殺さなければならない施策は、根拠を述べるまでもなく成立しません。たとえば、「民族の純血を守るために、国内の他民族を殺害する」などです。

　しかし、当たり前なだけに、根拠を聞かれると困る場合があります。「なぜ、人を殺してはいけないのですか？」と聞かれて、論理的な説明をするのは難しいでしょう。仮に、「自分がそうされたらいやだから」という根拠を考えたとしても、取ってつけたような根拠です。「自分がそうされたらいやだから」人を殺さないのではありません。

　この根拠抜きに思っていることは、価値観とも言えます。たとえば、「ビールよりワインが好きだ」は、その人にとっては、根拠抜きの考えです。根拠をつけたとしても、「人を殺してはならない」根拠と同様に、取ってつけたものになります。とても他人をワイン好きへと説得はできません。「美形になれるとしても、整形手術はしたくない」も同様です。

　多数の人にとって共通の価値観は常識と呼ばれます。「人を殺してはならない」は、多数の人に共通の価値観なので常識です。「整形手術はしたくない」は、多数の人にとって共通ではないので、常識とは呼ばれません。

2 議論には、守るべきルールがある

この章のPOINT

議論には、守るべき基本ルールがあります。このルールを守らないと、論点が深まらないばかりか、「アンフェア」の非難を浴びかねません。基本となる、以下の5つのルールを知っておきましょう。
- 言い出した側が証明する
- 沈黙は了承である
- 新しい論点を後から出さない
- すべての根拠に反論する
- 論理だけで議論する

2.1 言い出した側が証明する（立証責任）

▶ ポイント

主張する者は、その主張の正当性を立証しなければなりません（立証責任）。この立証責任は重いので、相手が立証すべきときに、自ら立証してはいけません。まずは相手が立証するように促しましょう。

▶ **立証責任は言い出した側が負う**

主張者は、自らの主張が正しいことを証明する責任を負っています。この責任のことを立証責任（あるいは証明責任）と言います。たとえば、「当社は、ロボット分野に進出すべき」と主張するなら、ロボット分野に進出すべきであることを証明しなければなりません。この立証責任を果

たして初めて、主張を述べたことになります。

　立証責任が言い出した側にあることは、裁判でも同じです。刑事裁判で、検察が「容疑者は〇〇という罪を犯しました」と立件したなら、容疑者が〇〇という罪を犯したことを検察が証明しなければなりません。民事裁判で、「私は、A氏の行為によって□□円の損害を受けました」と訴えたなら、訴えた側が、A氏の行為によって□□円の損害を受けたことを証明しなければなりません。

　主張を聞いている側に立証責任はありません。主張する側が立証責任を果たさない限り、主張を聞いている側は、反論する必要はありません。裁判でも、容疑者は、自分が無罪であることを証明する必要はありません。検察が有罪であることを証明できなければ、つまり立証責任が果たせなければ、容疑者は自動的に無罪となります。

▶ 立証責任は重い

　この立証責任は非常に重いのです。したがって、負う必要のない立証責任を負ってはいけません。

　立証するにはデータを用意しなければならないので、立証責任は重いのです。理由は考えれば出てきますが、データを入手するには調査が必要です。調査には人や時間、お金が必要になります。裁判でも、データ（証拠）を手に入れるのがとても大変なのです。

たとえば、「○○を開発すべきだ」と主張するなら、以下のような多くのデータが必要でしょう。

- マーケット規模の現状と予測
- 予想される当社のシェアとその根拠
- 開発費と原価
- 投資の回収計画

立証責任は重いので、むやみに立証責任を負ってはいけません。たとえば、以下の会話では、A氏が立証責任を果たす前に、B氏が反論を始めてしまっています。

> A氏：「この難局を乗り切るには、人事制度の抜本的改革が必要だよ。思い切った成果主義を導入すべきだ」
> B氏：「ちょっと待ってください。成果主義を導入すると……」

▶ 失敗例

実際に、立証責任が果たされていない例をご紹介しましょう。以下は、文藝春秋の『文藝春秋オピニオン2014年の論点100』から、甘利明経済再生担当大臣による「TPPは日本再興の切り札だ」という記事からの引用です。

> 日本は長年にわたる制度改革等の積み重ねの結果、自由で、開かれた市場が生み出されています。日本は新たな交渉分野において、どの国にも負けない交渉力を持っています。そうした我が国の強みを活かして、世界の

> ルールメーキングに影響力を行使することは、関税交渉同様、あるいはそれ以上に我が国の国益にかなうものであります。
>
> このように幅広い分野でルールを構築するTPPは、グローバル・バリュー・チェーンのさらなる発展を促すツールとして活用することが可能であると考えられます。
>
> 労働賃金の低い国では加工・組立工程の利益率が高く、先進国では高付加価値の部品・製品の生産や製造をサポートするサービス業で利益率が高くなる傾向が生じていますが、利益を最大化できる場所に適切な拠点を障害なく設置できるようになれば、先進国、途上国双方にとってWin-Winの関係を築くことができます。関税に加え、幅広い分野において二十一世紀型の新しいルールを統一的に構築するTPPによって、成長著しいアジア太平洋地域において最適なバリュー・チェーンを構築することが可能となります。先進国だけでなく、また途上国だけでもない、多様な発展段階にある国々が統一の経済秩序に服するというTPPの利点は、まさにこの点にあります。

この主張の中には、以下の2点で立証責任が果たされていない部分があります(他にも立証不十分な細部がありますが、ここでは省略します)。

●「どの国にも負けない交渉力を持っています」
　→根拠は、「日本は長年にわたる制度改革等の積み重

ねの結果、自由で、開かれた市場が生み出されています」だと思われますが、日本の市場が自由で開かれていることに納得いく説明がありません。

- 「TPPによって、成長著しいアジア太平洋地域において最適なバリュー・チェーンを構築することが可能となります」
  → バリュー・チェーンは、今でも構築されているはずです。TPPによって、どう最適化されるのか、どれだけ大きなアドバンテージになるのかが説明されていません。

▶ 立証責任が果たされていないときは

主張する側が、立証責任を果たしていないときは、「なぜですか？」と質問しましょう。立証責任を果たしていないとは、根拠を述べていない状態です。あるいは、根拠は述べているのですが、その根拠（理由＋データ）のうち、理由に根拠が必要なのに、その理由の根拠を述べていない状態です。たとえば、以下のような会話になります。

> A氏：「この難局を乗り切るには、人事制度の抜本的改革が必要だよ。思い切った成果主義を導入すべきだ」
> B氏：「なぜ、思い切った成果主義を導入すべきなのですか？　その目的や効果などをもっと詳しくお聞かせください」

▶ ポイント確認

問題：

以下のA氏とB氏の会話を読んで、A氏が述べるべき反論を考えましょう。

> A氏：「当社は、国内のソフトウェア開発部門を大幅に縮小し、ソフトウェア開発の拠点を中国に移すべきです。人件費が日本の4分の1なので、大幅なコスト削減が実現できます。事実、A社は来年、中国事業所を稼動開始の予定です」
>
> B氏：「なぜ、インドではなく、中国なのですか？　ソフトウェアの開発なら、インドのほうが適切ではありませんか？」

解答：

「なぜ、中国よりインドが適切とお考えですか？　インドが適切な理由をご説明ください」

解説：

B氏は、「インドのほうが適切である」ことを立証していません。まず、B氏に「インドのほうが適切である」ことを立証するよう依頼しましょう。このときA氏は、「なぜ？」と尋ねられたからといって、「なぜなら、中国のほうが……」などと、自ら立証責任を負ってはいけません。

2.2　沈黙は了承である（反証責任）

▶ **ポイント**

相手が立証したら、自分は反論しなければなりません（反証責任）。反論しなければ、その主張は受け入れられたものとされます。後から、話を蒸し返すことはできません。また、反論に対しても反証責任が生じます。

▶ **立証責任が果たされたら反証責任が生じる**

主張する側が立証責任を果たしたら、聞いている側には反論する責任が生じます。この責任のことを反証責任と言います。たとえば、主張する側が「当社は、ロボット分野に進出すべき」と主張し、ロボット分野に進出すべき根拠を述べたとします。聞いている側がその主張に反対なら、「当社は、ロボット分野に進出すべきでない」と反論し、その根拠を述べなければなりません。

反証責任を果たさないなら、相手の主張を認めたことになります。反論しない、つまり、沈黙は了承です。この点は裁判と異なります。裁判では、黙秘したからといって罪を認めたことにはなりません。しかし、実社会では議論を円滑に進めるために、沈黙はYESのサインとなります。

▶ **反証責任はすぐに果たさなければならない**

反証責任は、立証責任が果たされた直後に果たさなければなりません。議論が先に進んだ後、「やっぱりあれは」のように話を蒸し返してはいけません。話を蒸し返せば、

Win-Winを目指して当事者が知恵を絞って話し合ってきたことが白紙に戻りかねません。さらには、「議論のルールを知らない人」と軽蔑されかねません。

▶ 反論に対しても反証責任は生まれる

反証責任が果たされた場合、元の主張をした側にも反証責任が生まれます。たとえば、反対意見の側が、「当社は、ロボット分野に進出すべきでない」と根拠を持って反論したとします。すると、「当社は、ロボット分野に進出すべき」と最初に主張した側は、「それでも当社は、ロボット分野に進出すべき」と、反論に対して反論しなければなりません。この反論をしないなら、「当社は、ロボット分野に進出すべきでない」を認めたことになります。沈黙はYESのサインです。

▶ 失敗例

この反証責任を果たしていない例をご紹介しましょう。以下は、読売新聞（1997年10月8日付）の「長野五輪まで4か月　どうなるスタート地点　「滑降コース論争」泥沼化」という記事からの抜粋です。

> 長野冬季オリンピックの開幕が来年二月七日に迫っているが、最大の難題が未解決となっている。アルペンスキー男子滑降のスタート地点を巡って、競技の質の向上を理由に計画より引き上げを求める国際スキー連盟（FIS）と、自然保護を訴えて拒否する長野五輪組織委員会（NAOC）が激しく衝突。解決の糸口が見つからな

> いまま、感情的な対立に発展してしまった。
>
> 　FISは白馬村・八方尾根の現地を視察後、「NAOC案の標高一、六八〇メートルでは、レースタイムが1分20秒程度で短すぎる。選手の技術の差が出にくく、実力が順位に反映されない」と、タイムが1分50秒程度になる一、八〇〇メートル地点からスタートすることを理想とした。
>
> 　これに対し、NAOCは自然保護団体の声にも後押しされ、「一、八〇〇メートル地点は国立公園第一種特別地域で貴重な植生があり、コースには不適切」と拒否。FISが「年間十七万人の一般スキーヤーは滑っているのになぜ選手はだめなのか」と疑問を投げかけても、一切取り合わないできた。
>
> 　九一年三月、国際オリンピック委員会（IOC）に提出した開催概要計画書で示した男子滑降のスタートは、一、六八〇メートル地点。この計画で同年六月、長野市は開催地に選ばれており、「いまさら」という思いもある。

　この議論には、反証責任が果たされていないというルール違反が2つあります。
- FISが「年間十七万人の一般スキーヤーは滑っているのになぜ選手はだめなのか」と疑問を投げかけても、一切取り合わないできた。
- 開催概要計画書で示した男子滑降のスタートは、1680メートル地点。この計画で同年6月、長野市は開催地に選ばれており、「いまさら」という思いもある。

▶ 反証責任が果たされていないときは

相手が反証責任を果たさないときは、自分の主張を了承したかどうかを確認しましょう。確認を怠ると、議論されなかった論点として無視されたり、後から話を蒸し返されたりします。ビジネスの現場で、「いまさら議論を蒸し返さないでください」とは言えません。論点を無視されたり、議論が後戻りしたりしないよう、あらかじめ釘を刺しておきましょう。先の例なら次のように述べればよいのです。

> 例：「一般スキーヤーは滑っているのになぜ選手はだめなのですか？ その根拠を示していただけないと、双方が納得できる解決案を見つけようがありません」 ㊙好例

自分が反証責任を果たせないときは、正直に議論したほうが得策です。正直な意見がWin-Winの関係を導きます。ごまかそうとすれば、相手はWin-Loseを意識しますので、敵意が増大します。上記の例で、NAOCが反証責任を果たさなかったのは、正当な根拠がないからでしょう。しかし、このような場合、次のように述べればよいのです。

> 例：「たしかに、これまで滑降禁止区域を一般スキーヤーが滑っていました。しかし、本来、自然保護の観点から滑降を許可できる場所ではありません。このオリンピックを契機に、本来の姿に戻したいのです。FISにもそのためのご協力をお願いします」 ㊙好例

▶ ポイント確認

問題:

以下のA氏とB氏の会話を読んで、A氏が述べるべき反論を考えましょう。

> A氏:「当社は、国内のソフトウェア開発部門を大幅に縮小し、ソフトウェア開発の拠点を中国に移すべきです。人件費が日本の4分の1なので、大幅なコスト削減が実現できます。事実、A社は来年、中国事業所を稼動開始の予定です」
>
> B氏:「中国でのビジネスはリスクが高すぎます。過去にも、反日感情が高まって暴動が起きたり、過去の戦争責任を押しつけてきたりしたことがニュースになっています」

解答:

リスク対策については後で議論するとして、先にコストの削減という点については、認識が同じと考えてよろしいでしょうか?

解説:

B氏は、「中国でのビジネスはリスクが高い」を根拠に、主張型反論をしてきました。A氏の述べた「大幅なコスト削減が実現できる」については、何も述べてはいません。反証責任が果たされていませんから、議論の蒸し返しを避けるために、相手の意見を聞きましょう。

コラム ▶ **議論が本当に得意な人**

　立証責任は重いので、背負う必要のない立証責任を自ら進んで背負ってはいけません。逆に言うと、議論を有利に進めるには、立証責任を相手に押しつければよいわけです。

　立証責任を相手に背負わせるには、相手に質問するのが有効です。たとえば、「〇〇すべき」と立証しなければいけない立場のときも、「あなたは反対なのですか？　なぜ反対なのです？」と質問してしまうのです。

「なぜですか？」と質問すれば、ほぼ全員が、なぜかを答えてくれます。「その質問に私は答えなければならないのか」「まず説明すべきは相手ではないのか」と考える人はほとんどいません。

　相手が、なぜかを答えたら、また「なぜですか？」と質問しましょう。すぐに反論してはいけません。たとえば、「コストが上がるからとおっしゃいましたが、なぜコストが上がるのですか？　また、どのくらい上がるのですか？」と、さらに質問していくのです。

　この立証責任を相手に押しつける戦術は、議論が得意と勘違いしている人に対して有効です。議論が得意と勘違いしている人は、自説を説明したがります。説明したくてしかたがないので、「なぜですか？」と振られると、得意になってなぜかを説明してくれます。

　議論が本当に得意な人は、自ら説明を買って出たりしません。相手に説明させるのです。相手が説明に行き詰まったところで、とどめを刺すのです。

2.3 新しい論点を後から出さない

▶ ポイント

議論や交渉では、すべての主張と根拠を最初に示します。その上で、両者の合意点（Win-Winのポイント）を探っていきます。途中から新しい論点を出して、議論や交渉を優位に運ぼうとすれば、アンフェア（Win-Loseを狙った）の非難を浴びます。もし、相手が後から新しい論点を出してきたら、Win-Winのソリューションを導き出すよう誘導しましょう。

▶ 論点は最初に示す

　主張する側も、反論する側も、最初に論点となる主張と根拠を表明しなければなりません。主張する側は立証責任の段階で、どんなメリットが、どう生じるのかを説明します。反論する側は反証責任の段階で、なぜメリットが発生しないのか、どんなデメリットが、どう発生するのかを説明します。その後、この論点を深めることで、メリットを最大に、デメリットを最小にするようなWin-Winのソリューションを導いていきます。

　後から論点を出すと、それまでの議論が無駄になりかねません。最初に手の内を見せるから、Win-Winのソリューションを検討できるのです。ソリューションが見えてきたところで、「じつはこんなのもあるんです」と隠し玉を出されたら、せっかく検討してきたソリューションが、白紙に戻りかねません。

▶ 後出しはアンフェア

　論点を後から出す行為は、ジャンケンの後出しと一緒で、アンフェアの非難を浴びます。後出しという行為は、勝つためのズルです。Win-Winのために議論しているとき、他方がWin-Loseのためにズルをすれば、卑怯者のそしりを受けかねません。議論では、双方が協力してWin-Winのソリューションを導くことを忘れてはいけません。

▶ 失敗例

　実際に、この後出しをしたためにアンフェアの非難を浴びた例をご紹介しましょう。以下は、「沈黙は了承である（反証責任）」（60ページ参照）でも紹介した読売新聞の「長野五輪まで4か月　どうなるスタート地点「滑降コース論争」泥沼化」という記事から、FISとNAOCの議論内容の抜粋です。

> 　問題が四年間も解決できないのはFISとNAOCが正面から議論しないことも原因の一つだ。ともに自説を主張するだけで、歩み寄りの姿勢はなかった。
> 　だが、今年に入って、NAOCが「自然公園法などの規制で、（スタートハウスなど）工作物は設置できない」と、自然保護の本質よりも法律論を強調し始めると事態が動いた。
> 　NAOCは、国と県の見解を添えて法的理由を示したが、これをもとにFISは先月、スタートハウスを不要とする引き上げの第一案、さらにスタート地点を第一種特別地域から外す第二案を提示。

> ところが先月二十三日、NAOCの小林実事務総長が「法律だけの問題ではない」と発言。
> これに対し、FIS側は「NAOCはフェアではない」と激怒し、再び全面対決の様相に戻った。

　FISが「NAOCはフェアではない」と激怒したのは、NAOCが後出しでWin-Loseを狙ったからです。NAOCが、「自然公園法などの規制で、工作物は設置できない」と根拠を述べました。そこでFISは、自分たちの根拠である「競技の質の向上」も考慮して、両者が納得できるWin-Winのソリューションを提示しました。しかし、NAOCは「法律だけの問題ではない」と、後出しでWin-Loseを狙ったのです。だからFISは怒ったわけです。

▶ 新しい論点が後から出たときは

　相手が新しい論点を後から出してきたときは、Win-Winの議論に誘導しましょう。論点を後から出してきたということは、相手は、無意識にWin-Loseの思考になっています。Win-Winのソリューションを導き出す議論であることを伝えれば、相手も協力してくれるはずです。先の例なら次のように述べればよいのです。

> 例：「法律だけの問題ではないのであれば、他にどんな問題があるのですか？　そういった問題をクリアでき、しかも競技の質も向上できる解決案を、協力して見つけ出しましょう」

▶ ポイント確認

問題：

　以下はサマータイム導入を巡っての議論です。新しい論点が後から出ている箇所があります。それはどこでしょう。

> A氏：「サマータイムが必要だという報告書は信用できない。役人は、自分たちに都合のよい理屈をでっち上げる。多くのデータの中から都合のよい情報をピックアップして、環境によいと言っているにすぎない。夏の明るいうちに仕事が終われば、帰宅してからのクーラー使用が増え、環境問題が悪化することも考えられる」
>
> B氏：「そうは言っても、報告書の試算はあなたの言うエネルギー増加分も考慮して計算している」
>
> A氏：「温室効果ガスを抑制するためなら、他にも方法がある。たとえば、工場での排出処理をしっかりするとか、自動車をなるべく使わないシステムを構築するとか。それをすぐにサマータイム導入に結びつけるのはおかしい」

解答：

　A氏は、「報告書は信用できない」と反論し始めましたが、後から、「別の方法がある」と新しい論点を出してしまっています。

2.4 すべての根拠に反論する

▶ ポイント

根拠のすべてに反論しなければ、その主張は成立します。相手の複数の根拠に対して、1つの根拠だけを取り立てて反論しても、反論したことにはなりません。すべての根拠に反論しきれない場合、議論の優劣は、メリットとデメリットの比較で決まります。

▶ 根拠が複数なら、すべてに反論する

実社会での主張は、通常、複数の根拠を伴います。たとえば何かを提案しようとするなら、メリットを複数挙げるはずです。メリットが1つだと、押しが弱い上、その唯一のメリットが否定されてしまえば、提案が通らないからです。たとえば、次のように述べるはずです。

> A氏:「当社は、英語を公用語とすべきです。なぜなら、質の高い社員を採用できるからです。さらに、当社の国際化を加速できるからです」

反論する側は、すべての根拠に反論しなければなりません。上記の例なら、たとえば次のように反論します。

> B氏:「まず、英語を公用語としたからといって、質の高い社員を採用できるとは言えません。なぜなら……。次に、英語でコミュニケーションできることと国際化は別問題です。なぜなら……」

すべての根拠に反論しなければ、その主張は成立します。述べられた根拠に対しての沈黙は、その根拠を了承したことになるのです（「沈黙は了承である（反証責任）」60ページ参照）。複数の根拠の中から、反論しやすい根拠にだけ反論したのでは、十分ではありません。たとえば、先の「英語を公用語とすべき」という主張に対して、「国際化を加速できる」にだけ反論したとします。すると、「質の高い社員を採用できる」という根拠によって、「英語を公用語とすべき」という主張は成立してしまいます。

すべての根拠といっても、あくまで立証できている根拠が対象です。つまり、根拠として成立しているものだけに反論すればよいのです。反証責任は、立証責任が果たされたときに生じます。たとえば、先の「当社は、英語を公用語とすべき」という主張に対する根拠の1つとして、「なぜなら、ドイツ語よりましだから」という根拠が述べられたなら、この根拠に反論する必要はありません。根拠が根拠になっていないからです。

▶ すべての根拠に反論できないときは

しかし、実際の議論では、双方の根拠すべてが反論され尽くすわけではありません。たとえば、ある施策について議論しているなら、推進派は複数のメリットを、反対派は複数のデメリットを挙げるはずです。すると、反論できないメリットやデメリットが、必ず残ります。あるいは、反論したものの、そのメリットやデメリットの重要性が下がっただけで、完全には否定しきれない場合もあります。

このような場合、議論の優劣は、メリットとデメリットの比較で決まります。たとえば、先の「当社は、英語を公用語とすべき」という施策で、「質の高い社員を採用できる」というメリットと、「コミュニケーションが阻害される」というデメリットが残ったとします。この場合は、このメリットとデメリットの比較で、施策を導入すべきかどうかを決めることになります。

なお、メリットとデメリットを比較するのは反対する側の責任です。つまり、立証責任は反対する側にあります。主張する側は、最初に「この施策にはメリットがある」と述べたはずです。反対する側が、「この施策にはより大きなデメリットがある」と述べたはずです。「より大きなデメリット」を立証するのは、言い出した反論する側です。

▶ 失敗例

実際に、すべての論点に反論していない例をご紹介しましょう。『買ってはいけない』(「週刊金曜日」ブックレット)という本では、安全性などに疑問のある有名商品を批判しています。この本に対して『「買ってはいけない」は買ってはいけない』(夏目書房)という本で、『買ってはいけない』の主張に反論しています。ここでは、ある製パン会社のクリームパンについての議論を紹介します。

『「買ってはいけない」は買ってはいけない』では、『買ってはいけない』で指摘されているある製パン会社のクリームパンの問題を、次のように要約しています。

> （この）クリームパンは、まさに食品添加物の権化。毒性の強い塩化アンモニウムを含むイーストフードをはじめ、もっとも問題なのは合成保存料のソルビン酸カリウムの持つ細胞の遺伝子への破壊作用だ。性質や毒性が同等のソルビン酸の攻撃性は、ラットへの投与で発生したガンにおいても明らかである。
>
> (一部改変)

　このように要約した上で、『「買ってはいけない」は買ってはいけない』では、ソルビン酸カリウムは安全だとだけ反論しています。イーストフードへの反論はしていません。「もっとも問題」とされるソルビン酸カリウムが安全だとしても、イーストフードが危険なら、このクリームパンは危険ということになってしまいます。

▶ 一部の根拠が反論されなかったときは

　自分の述べた根拠の一部が議論されなかったときは、その根拠に対する意見を求めましょう。「沈黙は了承」だからといって、相手がその根拠を認めたと思ってはいけません。「沈黙は了承」として放置しておくと、議論がまとまりかけた頃、議論されなかった根拠を蒸し返されかねません。相手が議論のルールを知っている保証はないのです。そこで、たとえば、次のように確認を取りましょう。

> 例：「先ほど、私は、『英語を公用語にすれば、質の高い社員を採用できる』とも申し上げました。この点については、同一見解ということでよろしいでしょうか？」

▶ ポイント確認

問題：

　以下の議論では、すべての論点が反論されているわけではありません。反論されていない論点は何でしょうか？

> A氏：「カジノ合法化には反対です。まず、カジノ周辺の治安が悪化します。暴力団の収入源になる心配もあります。なによりも、ギャンブル依存症の人が増えるのは問題です。ギャンブル依存症は深刻で、ギャンブル依存者の男性の６％、女性の22％が自殺を試みたというデータもあります。自殺にいかないまでも、窃盗や強盗に走るケースが増えるでしょう」
>
> B氏：「現在の、公営ギャンブル場と同様で、警備員を配置し、違法駐車や近隣路地への立ち入りを厳しく監視します。むしろ治安はよくなるぐらいです。ギャンブル依存症に対しても、審査を経て発行する入場証を導入すれば、問題ありません。むしろ、町のパチンコ店などが減る分だけ、ギャンブル依存者は減るはずです」

解答と解説：
「暴力団の収入源になる心配」に対して直接反論していません。「治安が悪化」に対する反論で兼ねているつもりかもしれませんが、「暴力団の収入源」と「治安の悪化」は別問題です。議論のメモを取ると、論点の見落としが減ります。

> コラム ▶ **代案の条件**
>
> 　代案は、以下の3つの条件を満たす必要があります。
> - オリジナルの案と異なる
> - オリジナルの案よりメリットが大きい
> - オリジナルの案と同時には実行できない
>
> 　第1に代案は、オリジナルの案とは明らかに異なっていなければいけません。オリジナルの案の改良ではいけません。オリジナルの案を改良して、Win-Winのソリューションを導くのが議論です。オリジナルの案の改良なら、代案として提示するまでもなく、議論を通じて導かれていくはずです。
>
> 　第2に代案は、オリジナルの案よりメリットが大きくなければいけません。これは説明するまでもなく当たり前です。メリットの小さいほうの案を採用するはずはありません。
>
> 　第3に代案は、オリジナルの案と同時に実行できてはいけません。なぜなら、「オリジナルの案も代案も、同時に実行しましょう」と言われてしまうと、議論にならないからです。
>
> 　じつは、この第3の条件を満たせない代案をよく見ます。「成果主義の導入を考える前に、組織をフラットにしてスピーディーな意思決定ができるようにすることが先決だ」などという意見は、「両方やりましょう」で議論は終了です。ちなみに、必要に応じて、同時に実行できないことを立証するのは（立証責任があるのは）、代案を提示した側です。

2.5　論理だけで議論する

▶ ポイント

　議論を左右するのは、論理性のみです。論理以外のことを議論に持ち込んではいけません。誰が述べたかではなく、何を述べたかを議論しなければなりません。発言者の権威を使って自説を押し通そうとしたり、感情的な話し方で議論に勝とうとしたりしてはいけません。

▶ 人を議論に持ち込まない

　論理的な議論で、相手の人間性や行動を議論してはいけません。そのような議論になりそうなときは、論理的な議論に引き戻しましょう。しかし、そう割り切れない場合もあります。その場合は、その人には議論する資格があるのかどうかを議論すると考えましょう。

　論理的な議論では、人に訴えて議論してはいけません。「人に訴える」とは、主張した本人の人格、主張の動機、本人の行動と主張の整合、本人の過去の発言と主張の整合などを議論することです。つまり、主張した本人が気にくわない奴であろうが、主張の裏に汚い下心があろうが、主張していることを本人がやっていなかろうが、主張していることと反対のことを本人がやっていようが、議論には関係ないということです。主張した本人とは無関係に、主張が正しいかどうかだけを議論すべきということです。

　以下に示すのは、本人の過去の発言と主張の整合を議論

している、つまり「人に訴える」議論の例です。

> A氏：「これまでの当社の戦略は、利益を上げるために、お客様の満足を犠牲にしていた部分があります。たとえば、『半額特別セール！』と謳っておきながら、年間のほとんどの時期でその値段で売っていたりしていました。そのため、最近ではリピート率が大幅に落ちています。今後は、顧客満足を優先した戦略に転換すべきです」
>
> B氏：「半額特別セールを主導していたのは君じゃないか。その君にそんなこと言われてもねえ」

しかし、現実的な状況で、人と議論を切り離すことは、簡単ではありません。たとえば、携帯電話の電源を切っておくべき場所で、携帯電話を使っていたとしましょう。隣に同じように携帯電話を使っている人がいて、その人が「ここでは携帯電話を使ってはいけませんよ」と注意してきたとします。このとき、「あなただって使っているではないですか」と言い返すのは、ごく自然な行為です。

そこで、人と議論を切り離しにくい状況では、「この人には、このテーマで議論する資格があるのかどうか」を議論すると考えましょう。先の例で言えば、「ここで携帯電話を使ってよいか」を議論する前に、ここで携帯電話を使っている人間が、「ここでは携帯電話を使ってはいけない」と主張する資格があるのかどうかを議論するのです。

第1部 議論の基礎

▶ 力を議論に持ち込まない

　論理的な議論で、力に訴える議論をしてはいけません。しかし、現実には、力に訴える議論はよくあります、そのような場合は、論理的な議論に引き戻す努力をした上で、だめなら、議論とは別の手段を使いましょう。

　論理的な議論では、力に訴えて議論を優位に持ち込もうとしてはいけません。「力に訴える」とは、地位が高いことを利用して脅迫することです。「私の主張を認めないと、不利益を被らせるぞ」と脅すような議論です。そこには、主張の正当性を検証するという姿勢はありません。あくまで、主張の正当性だけを議論すべきです。

　以下に示すのは、力に訴える議論をしている悪い例です。

> 例：「どうしてもTPPに賛成するというのであれば、次の総選挙で、貴殿を当組織の推薦候補として推挙するのは考え直さざるを得ませんな」

　しかし、現実的な状況では、力に訴える議論を論理的な議論に引き戻すのは簡単ではありません。たとえば、上記のような力に訴える主張は、日常的によくあることです。議論の当事者は、多くの場合、対等ではありません。力のある者が、議論など使わず、力で自分の意見を通そうとするのは自然なことです。力を使ったほうが早く確実だからです。

力に訴える議論を、論理的な議論に引き戻せないなら、議論をやめて、根回しや人間関係を使った方法を考えましょう。こちらが論理的な道筋を示しているのに、その道に乗らないなら、論理的な議論のできない相手です。論理的な思考ができないか、言葉にできない裏の理由があるのでしょう。論理的な議論をしようとするだけ無駄です。

▶ 情を議論に持ち込まない
　論理的な議論で、情に訴えて議論を優位に持ち込もうとしてはいけません。「情に訴える」とは、大きな声や怒声、机を叩くことなどで威圧したり、泣いて同情を得ようとしたりすることです。感情が表に出てしまうのは、論理的な思考ができていない証拠です。

　以下に示すのは、情に訴える議論をしている悪い例です。

> 例：「こんなことはだめに決まっているだろ！　常識だよ！　くだらないことをグダグダ言っているんじゃないよ！」

▶ 失敗例
　実際に、「人に訴える」議論の例をご紹介しましょう。次に示すのは、籾井勝人・NHK新会長が、2014年1月25日の就任記者会見で述べた内容です。籾井氏は、旧日本軍の従軍慰安婦問題に対して、「どこの国にもあった」と述べています。

第1部 議論の基礎

> 会長職としてのコメントは控えたいが、どこの国にもあったということではないかと思う。それは、戦争をしている戦争地域ということだ。慰安婦そのものが、いいか悪いかと言われれば、悪い。日本だけが強制連行したみたいなことを言われているから、話がややこしい。補償について、韓国とは、日韓基本条約で解決していると思う。
> (http://www.nhk.or.jp/pr/keiei/toptalk/kaichou/k1401-2.pdf)

これは「人に訴える」議論です。ここでは人が国家になっただけです。「どこの国にもあった」ことは、日本が犯した罪を免責にする根拠にはなりません。籾井氏は、このことを理解しているので、「慰安婦そのものが、いいか悪いかと言われれば、悪い」とも述べています。

この「おまえもやっているではないか」という「人に訴える」議論については、83ページのコラムで、より詳しく紹介しています。こちらも参考にしてください。

▶ 人や力、情が議論に持ち込まれたときは

人や力、情に訴える議論になってしまったときは、まずは論理的な議論に引き戻す努力をしましょう。

人に訴える議論

> 「半額特別セールを主導していたのは君じゃないか。その君にそんなこと言われてもねえ」

> → 「半額特別セールを主導してきたのは私ですから反省しています。しかし、この戦略ではうまくいかないので転換すべきだと考え直したのです。顧客満足を優先した戦略について、ご意見をお聞かせください」

力に訴える議論

> 「どうしてもTTPに賛成するというのであれば、次の総選挙で、貴殿を当組織の推薦候補として推挙するのは考え直さざるを得ませんな」

> → 「TTPは、じつは本組織にも大きなアドバンテージを生みます。新たなビジネスチャンスが生まれるのです。その点について説明させてください」

情に訴える議論

> 「こんなことはだめに決まっているだろ！ 常識だよ！ くだらないことをグダグダ言っているんじゃないよ！」

> → 「申し訳ありません。私は頭が悪くて未熟ですから、分からないことが多いのです。お手数ですが、なぜだめなのかを少しご説明いただけないでしょうか」

▶ ポイント確認

問題：

先に示した例で、「どこの国にもあった」と反論するのは、人に訴える議論なので、論理的な議論ではルール違反と説明しました。では、「どこの国にもあった」ことを使ってどう反論すれば、論理的な議論となるのでしょう。

解答：

「なぜ、自国の慰安婦問題を棚上げして、他国の慰安婦問題を糾弾するのですか？ 旧日本軍の従軍慰安婦問題については、自国の慰安婦問題を解決してから議論しましょう」

解説：

慰安婦施設を設けていた国が、慰安婦問題の是非を議論する資格があるのかどうかを議論するのです。旧日本軍の従軍慰安婦問題の是非を議論するのではありません。「どこの国にもあった」ことは、旧日本軍の行動を正当化できません。その議論の前に、自国の「悪」には目をつぶり、他国の同様の「悪」は厳しく糾弾する不公平さを問題とするのです。

補足：

米ニューヨークタイムズ（電子版）は2009年1月7日、韓国の元慰安婦が、1960年代から80年代、米兵との性的行為を強制されたとして、当時の政府指導者に謝罪と賠償を求めて告発したと報じた。

(http://www.nytimes.com/2009/01/08/world/asia/ 08korea.html)

コラム ▶ 「おまえもやっているではないか」という反論

　この「おまえもやっているではないか」という反論は、人に訴える議論なので、論理的な議論ではルール違反です。レトリックの世界では、詭弁に分類されています。

　しかし、レトリックの専門家である香西秀信氏は、その著書『レトリックと詭弁――禁断の議論術講座』(ちくま文庫)の中で、この手法を次のように薦めています。

　「『国際化時代に必要な』論法として、特に対外国の論争には積極的に使用するようにすすめたいのです」「何ら詭弁でも恥ずべき手段でもありません。それはじつに論理的で、有効な論法です」「これを卑怯などと言うのはとんでもない言いがかりであって、むしろそうすることにより、議論は倫理的な性格を帯びることになるのです」

　香西氏は、その理由を以下の3つだと述べています。

- この手法は、発話内容ではなく発話行為を問題にする（自国の「悪」には目をつぶりながら、他国の同様の「悪」は厳しく糾弾するというその不公平さを攻撃する）
- この手法は、相手に説明の義務を負わせる（相手には、首尾一貫していない態度について弁明する責任がある）
- この手法を使わないと、事実を歪められてしまう（その行為をしたのは糾弾された者のみのように曲解される）

　詳しくは、上記著書をご覧ください。

3 議論は、原案への反論の応酬である

この章のPOINT

議論とは、テーマに関する最初の主張(原案)に対して、反対の主張(反論)を述べ、その後は反論の応酬によって論点を深めることです。原案には、問題解決型と施策提案型の2つの型があります。一方、反論には、主張型反論と論証型反論の2種類があります。反論は、この2種類を意識しつつ、原案の2つの型に応じて構成します。しかし、実際の議論では、論点はどんなメリットやデメリットが生じるのか、そのメリットやデメリットは大きいのかが中心となります。

3.1 原案には、問題解決型と施策提案型がある

▶ ポイント

議論は、テーマに対する意見を説明する原案の提示で始まります。論理的な議論で扱われるテーマは、施策の検討です(「何を議論するのか」14ページ参照)。施策の検討における原案は、問題解決型と施策提案型の2つの型があります。

▶ 問題解決型

現状の問題を解決するための施策を説明する原案です。この型の原案では、問題が生じている原因を分析して、施策でその問題が解決することを説明します。とくに、現状の問題とその原因分析が説明の中心になります。

問題解決型の原案は、現状にある問題（マイナス状態）を解決（±0状態）する施策の説明です。この型は、ビジネスでなら、トラブル解析やソリューション提案などで使われます（右図参照）。

問題解決型では、以下のような流れで説明します。この流れは、簡略化されることもあれば、問題点やその原因が2つ以上あるような、複雑な形になることもあります。

> (1) 現状の問題点 ⎫
> (2) 問題点の深刻性 ⎬ 複数あるなら繰り返す
> (3) 問題の原因   ⎭
> (4) 施策
> (5) 施策が問題を解決する過程
> (6) 問題解決以外の副次的なメリット
> (7) 施策により新たに生じる問題への対応

問題解決型の原案の重点は、問題点の深刻性（2）と問題の原因（3）の説明です。とくに、問題の原因（3）では、原因が問題を生じていることを、「主張は、理由のリンクで構成される」（46ページ参照）で説明したように、リンクをステップ・バイ・ステップで説明します。施策（4）と施策が問題を解決する過程（5）の説明は、実質的には説明が不要な場合もあります。なぜなら、施策が、原因となっている制度や施策の廃止になりやすいからです。

制度や施策を廃止する施策の場合、施策が問題を解決する過程を説明するまでもありません。制度や施策が廃止されるのですから、自動的に問題点はなくなります。

たとえば、「ピラミッド型組織からフラット型組織に変更すべきである」というテーマで原案を提示するなら、次のようになります。

> (1) 多様な顧客ニーズに対して、フレキシブルな対応が取れない
> (2) 多様な顧客ニーズに対応が取れないと、企業の存続が危ぶまれる
> (3) ピラミッド型組織が原因
>   →トップまでの情報伝達回数が多い
>   →情報が遅く、不正確に伝わる
>   →ビジネス判断も遅く、不適切になる
> (4) フラット型組織に変更する
> (5) フラット型組織
>   →トップまでの情報伝達回数が減る
>   →情報が速く、正確に伝わる
>   →ビジネス判断も速く、適切になる
> (6) リーダーがプロジェクト全体を見通せるようになるので、リーダーの視野が広がる
> (7) 中間管理層が減ることで、リーダーの負担が増えることが心配される。リーダーがマネージメントする人数に制限をかけ、リーダーはマネージメントに徹することとする

▶ 施策提案型

メリットが生じる施策を説明する原案です。この型の原案では、提案によりメリットが生じることを説明します。したがって、「メリットがなぜ発生するのか」と、「そのメリットがいかに大きいか」の説明が中心になります。

施策提案型の原案は、現状（±0状態）をよりよく（プラス状態）する施策の説明です。この型は、ビジネスでなら、企画提案などで使われます（右図参照）。

施策提案型では、以下のような流れで説明します。この流れは、簡略化されることもあれば、メリットが2つ以上あるような、複雑な形になることもあります。

> (1) 提案内容
> (2) メリット ⎫
> (3) メリットの生じる過程 ⎬ メリットの数だけ繰り返す
> (4) メリットの重要性
> (5) 予想されるデメリットへの反論

施策提案型の原案の重点は、メリットの生じる過程（3）とメリットの重要性（4）の説明です。とくに、メリットの生じる過程（3）では、提案によってメリットが生じることを、「主張は、理由のリンクで構成される」（46ページ参照）で説明したように、ステップ・バイ・ステッ

プで説明します。

たとえば、「社内公用語を英語にすべきである」というテーマで原案を提示するなら、次のようになります。

> (1) 社内の公式文書や公式会議においては、英語を使うこととする
> (2) 国内外で優秀な人材が採用できる
> (3)a 会議も書類も英語になる
> 　→英語を真剣に勉強した人材だけが入社を希望
> 　→実用的なビジネス能力で一次選考できる
> 　→後の選考に時間をかけられる
> 　→国内の優秀な人材を見出しやすくなる
> (4)a グローバル化の進む当社では、英語力は実務を遂行する上でとても重要
> (3)b 会議も書類も英語になる
> 　→英語だけで仕事ができる
> 　→日本語のできない人材も応募する
> 　→世界中から人材を選べる
> 　→国外の優秀な人材を採用できる
> (4)b 世界中で成功するには、その国の文化や習慣に基づいたマーケティングが必要
> (5) 既存の日本人社員の生産性低下が考えられるので、2年間の猶予を設ける。その間、英語による会議や書類は一部に限定する

▶ ポイント確認

問題:

　厳しいビジネス環境で勝ち抜くため、会社の企画室は、成果主義の強化を人事部に提案しようと考えています。年功給を完全に廃止し、役職ごとに目標を設け、達成度合いで月給を決めるシステムです。成果に対する意識を高めることで、生産性の向上を狙っています。また、海外留学し、MBAまで取得した人材や、世界で活躍する優秀な外国人を確保するにも、成果主義は有効との判断です。新しい賃金制度の導入には、人事部の合意が必要です。そこで、この施策を説明する原案の流れを考えましょう。

解答:

（1）　年功給を完全に廃止し、月給は、役職ごとに設けた目標に対する達成度合いで決める

（2）a　生産性が向上する

（3）a　成果主義を強化 → 成果と月給が連動 → モチベーション向上 → 仕事に工夫 → 生産性向上

（4）a　仮に生産性が5％向上するとした場合、全社の人件費で〇〇万円／年相当の節約となる

（2）b　優秀な人材を確保できる

（3）b　成果主義を強化 → 成果と月給が連動 → 自信のある者への入社動機付け → 優秀な人材が入社

（4）b　海外留学し、MBAまで取得した人材や、世界で活躍する優秀な外国人などが入社する

（5）　公平な評価が難しいが、上司、部下、同僚による360度評価をすれば対応できる

3.2 反論には、主張型反論と論証型反論がある

▶ ポイント

反論には主張型反論と論証型反論*があります。両方の型の反論がなされて初めて、有効な議論が成立します。とくに、論証型反論は論点を深めるために重要です。

▶ 主張型反論とは

主張型反論とは、なぜ「～すべきか／～すべきでないか」を述べる反論です。一般的には、相手が「～すべき」と主張したなら、デメリットを述べて「～すべきでない」と反論します(下例参照)。

主張:	「成果に応じた報酬で社員のモチベーションを高めるために、成果主義型の人事制度を導入すべきです」
主張型反論:	「個人中心でチームをないがしろにするから、成果主義は導入すべきではありません」

---

* 『反論の技術——その意義と訓練方法』香西秀信著、明治図書出版

主張型反論は、相手の主張に反論するので、相手の根拠を検証する必要はありません。先の例で言えば、主張の根拠（ここではデータがないので理由）である「成果に応じた報酬で社員のモチベーションを高めるため」を検証する必要はありません。極端に言えば、主張型反論をするのに、相手の根拠を聞く必要はありません。相手の根拠が何であろうが、自分の反論に変化はありません。

▶ **論証型反論とは**

　論証型反論とは、相手の述べる根拠では主張が成立しないことを述べる反論です。一般的には、相手が「～すべき」と主張したなら、相手の述べたメリットが生じないことを述べて「～すべきでない」と反論します（下例参照）。

> 主張：　　　「成果に応じた報酬で社員のモチベーションを高めるために、成果主義型の人事制度を導入すべきです」
> 論証型反論：「数値化しにくい成果を公平に評価するのは無理なので、成果に応じた報酬も不可能です。したがって、社員のモチベーションは上がらないので、成果主義は導入する必要はありません」

論証型反論は、相手の根拠に反論するので、相手の根拠を注意深く検証する必要があります。先の例で言えば、主張の根拠である「成果に応じた報酬で社員のモチベーションを高めるために」が正しいかを検証しています。その結果、「数値化しにくい成果を公平に評価するのは無理なので、成果に応じた報酬も不可能」と、根拠であるメリットが発生しない以上、主張も成立しないと反論しています。論証型反論は、「他の根拠ならともかく、その根拠では主張が成立しない」と述べることになります。したがって、相手の根拠によって、自分の反論が変化します。

▶ 最大の問題は、論証型反論ができないこと

議論がかみ合わないのは、主張型反論ばかりをするからです。主張型反論ばかりでは、議論は平行線になります。

議論の勉強をしていない人は、主張型反論ばかりをします。その結果、相手が話しているのを遮って話し始めます。主張型反論は、相手の根拠を検証する必要がないので、相手の根拠を聞かずに反論を始めるのです。人が発言している最中に、意見をかぶせてくる人は、議論の技術を知らないと思ってほぼ間違いありません。

主張型反論をすると、議論は平行線になりやすいです。なぜなら、双方が相手の根拠を検証しないので、議論が深まらないからです。たとえば、先の例なら、以下のような平行線に陥りがちです。

3　議論は、原案への反論の応酬である

> A氏：「成果に応じた報酬で社員のモチベーションを高める
> 　　　ために、成果主義型の人事制度を導入すべきです」
> B氏：「個人中心でチームをないがしろにするから、成
> 　　　果主義は導入すべきではありません」
> A氏：「そうは言っても、社員のモチベーションを高め
> 　　　るためには、成果主義型の人事制度が必要です」
> B氏：「いえ、成果主義ではチームをないがしろにして
> 　　　しまいます」

▶ 論証型反論が論点を深める

　有益な議論には、主張型反論と論証型反論の両方が必要です。しかし、議論を深めるのは論証型反論です。

　有益な議論をするには、もちろん主張型反論も必要です。主張型反論をするから、「〜すべき」という主張に対し、メリットとデメリットの両方が、議論のテーブルに載るのです。論証型反論だけなら、「〜すべき」という主張の根拠であるメリットだけを議論することになってしまいます。当然ですが、施策の有益性を論じるときには、メリットとデメリットの両方を議論すべきです。

　しかし、議論を深めるのは論証型反論だけです。論証型反論では、根拠に反論します。さらにその反論の根拠に反論します。さらにまた、その反論の根拠に反論します。この繰り返しによって議論が深まるのです。先の例なら次のように議論すれば、論点が深まります。

第1部　議論の基礎

> A氏：「成果に応じた報酬で社員のモチベーションを高める
> 　　　ために、成果主義型の人事制度を導入すべきです」
> B氏：「数値化しにくい成果を公平に評価するのは無理
> 　　　なので、成果に応じた報酬も不可能です。した
> 　　　がって、社員のモチベーションは上がらないの
> 　　　で、成果主義は導入する必要はありません」
> A氏：「数値化しにくい成果でも、公平な評価は可能で
> 　　　す。上司だけではなく、同僚や部下、後輩など、
> 　　　職場全員で評価をすれば公平になるはずです。い
> 　　　わゆる360度評価です」
> B氏：「いえ、360度評価でも公平ではありません。他
> 　　　人を高く評価すれば、自分の評価が相対的に下が
> 　　　ります。そのため、他人への評価を厳しくしがち
> 　　　だからです」

（好例）

　上記の例では、論証型反論に対して論証型反論をすることで論点を深めています。最初、B氏は、A氏の根拠である「成果に応じた報酬で社員のモチベーションを高める」に対して、「公平な評価が難しい」という根拠で反論しました。そこで次にA氏は、この「公平な評価が難しい」という根拠に対して、「360度評価を使えばよい」という根拠で、反論しました。さらにB氏は、「360度評価を使えばよい」という根拠に対して、「他人を高く評価すれば、自分の評価が相対的に下がるので他人への評価を厳しくしがち」という根拠で反論したのです。こうした論証型反論の応酬で、論点が深まっていくのです。

▶ ポイント確認

問題：

以下の主張を読んで、主張型反論と論証型反論を考えましょう。

> 「当社は、国内のソフトウェア開発部門を大幅に縮小し、ソフトウェア開発の拠点を中国に移すべきです。人件費が日本の4分の1なので、大幅なコスト削減が実現できます。事実、A社は当社より先行して、来年には中国事業所が稼動開始の予定です」

解答：

主張型反論：

　ソフトウェア開発の拠点を中国に移すべきではありません。中国は、反日感情が強いために抗議デモや暴動など、開発拠点とするにはリスクが大きすぎます。

論証型反論：

　ソフトウェア開発の拠点を中国に移すべきではありません。たしかに中国人の人件費は、日本人に比べれば4分の1ですが、大幅なコスト削減にはならないからです。人件費以外のコスト、たとえば駐留する日本人エンジニアやマネージャの人件費や駐留費、中国人エンジニアの教育費、離職率が高いことから発生する採用にかかる費用を考えると、トータルとしてコストはやや削減できますが、大幅な削減にはなりません。コストが大幅に下がらない以上、リスクを冒すほどのうまみがありません。

3.3 原案を、論証型反論の応酬で深める

▶ ポイント

議論は、原案が提示された後、双方の反論の応酬で論点を深めます。原案が提示された直後の反論では、主張型反論も使いますが、そこから先の反論はすべて、論証型反論となります。論証型反論を使って、メリット*やデメリットは生じるのか、そのメリットやデメリットは大きいのかという2つの論点を深めていきます。ここでは、「原案には、問題解決型と施策提案型がある」（84ページ）で紹介した事例を使って説明します。

▶ 原案を提示した直後の反論では、論点は3つある

原案を提示した後、最初の反論では、論点は次の3つのいずれかになります。この論点は、原案が問題解決型か施策提案型かにはよりません。

- メリットは生じない
- メリットは重要ではない
- より大きなデメリットを生む

1つ目に考えられる反論は、施策ではメリットが生じないと指摘することです（次ページの例参照）。この反論では、原案で述べている施策では「問題を解決する過程」や「メリットの生じる過程」で説明しているリンクが成立し

---

*ここでは、説明を簡略化するために、現状の問題が解決する（マイナス状態が±0状態になる）こともメリットと表記するものとします。

ないことを指摘します。リンクに対する反論なので、論証型反論です。

> 例：「フラット型組織に変更したとしても、多様な顧客ニーズに対して、フレキシブルな対応は取れません。なぜなら……」

> 例：「社内公用語を英語にしても、国内外で優秀な人材が採用できるわけではありません。なぜなら……」

2つ目に考えられる反論は、施策で生じるメリットは取るに足らないと指摘することです（下例参照）。この反論では、原案で述べている「問題点の深刻性」や「メリットの重要性」が小さいことを指摘します。この反論は、深刻性や重要性を示す根拠に反論するので、論証型反論です。

> 例：「多様な顧客ニーズに対応が取れないことが、大きな損害を招くような説明でしたが、その損害は微々たるものです。なぜなら……」

> 例：「仮に、社内公用語を英語にすることで、国内外で優秀な人材が採用できたとしても、その優秀さは、目に見えるほどの大きな差ではありません。なぜなら……」

3つ目に考えられる反論は、施策ではより大きなデメリットを生むと指摘することです（次ページの例参照）。こ

の反論では、施策がより大きなデメリットを生む過程を、ステップ・バイ・ステップで説明します。さらに、新たに発生する問題が、現状の問題より深刻であることを説明します。この反論は、根拠に反論するわけではないので、主張型反論です。

> 例:「フラット型組織に変更すると、社員のモチベーションが低下するという新たな問題を生んでしまいます。なぜなら……」

> 例:「社内公用語を英語にすると、仮に2年間の猶予があっても、英語を使わない日本人社員の生産性が大幅に下がります。なぜなら……」

この3つの論点以外で、議論を深めることはほとんどありません。なぜなら、問題解決型の原案に対して、「現状に問題はない」と反論できるほど、現状の問題が明確でないなら、そもそも議論することもないでしょう。また、原案の型によらず、よりよい代案があるなら、その案こそ議論されるべきだからです。現実の会議では、最も妥当と思われる案を、議論を通じて最適な案に練り上げていくのです。会議の議題となった案とは異なり、しかも同時には実行できない代案が採用されることは、現実の世界では考えにくいです(代案の条件については「コラム｜代案の条件」(75ページ)を参照)。

3 議論は、原案への反論の応酬である

▶ 反論の応酬になれば、論点は2つになる

最初の反論が述べられたあと、議論は反論の応酬に移ります。この段階になれば、論点は次の2つに集約されます。
- メリット／デメリットは生じるか
- メリット／デメリットは大きいか

議論が反論の応酬の段階に移れば、「より大きなデメリットを生む」という反論はできません。なぜなら、反論の応酬の段階で新たなデメリットを述べれば、「新しい論点をあとから出さない」(66ページ参照)という議論のルールに反するからです。「より大きなデメリットを生む」なら、そのことは最初の反論で述べなければなりません。あとから述べれば、「後出しジャンケン」の非難を浴びます。

反論の応酬の段階になったとき、最も大事な論点は、メリット／デメリットは生じるかです。最初の反論が述べられたあとは、原案提示側は、メリットは発生するが、デメリットは発生しないと反論していきます。逆に反論側は、デメリットは発生するが、メリットは発生しないと反論していきます。双方が、相手の反論に対して反論を繰り返すことで、論点を深めます。

反論の応酬の段階では、メリットとデメリットの大きさも論点になります。現実的な議論で、メリットがまったく発生しないことも、デメリットがまったく発生しないことも考えにくいです。最終的には、メリットの大きさが、デメリットの大きさを上回れば、その施策を採用するという

判断になります。あるいは、メリットを最大にするには、デメリットを最小にするには、どうしたらよいかを議論することで論点を深めていくのです。

▶ 論証型反論で2つの論点を深める

論点が、メリット／デメリットは生じるか、あるいはメリット／デメリットは大きいかのいずれであっても、繰り返される反論は、すべて論証型反論です。論証型反論をするからこそ、論点が深まるのです。

たとえば、論点が「メリットは生じるか」なら、88ページの原案「社内公用語を英語にすべきである」を例にすると、次のような反論の応酬になります。

> 反論側：「社内公用語を英語にしても、国内で優秀な人材が採用できるわけではありません。なぜなら、実用的なビジネス能力で一次選考できることで、後の選考に時間をかけられるからといって、優秀な人材を見出せるわけではないからです。優秀な人材を選考するために、面接やグループ討議で、業務への適性や能力を測るには限界があります」

> 原案側：「面接やグループ討議でも、業務への適性や能力を測れます。なぜなら、当社の面接やグループ討議では、現実のビジネスシーンを題材に使うので、適応力や判断力が測れるのです」

3 議論は、原案への反論の応酬である

> 反論側：「現実のビジネスシーンを題材としたテーマを使っても、業務への適性や能力を測れません。なぜなら、一部の業務能力に偏った判断になるからです。現実のビジネスシーンを題材とした面接やグループ討議で測れるのは、その場での即応力や行動性程度だからです。たとえば、コツコツ取り組む忍耐力やメンタルタフネスなどは測りようがありません」
>
> 原案側：「面接やグループ討議では、一部の業務能力に偏った判断でもかまいません。なぜなら、別の能力は、ペーパー試験や経歴で判断できるか、どのような手段であっても判断できないかのどちらかだからです。たとえば……」

あるいは、論点が「デメリットは大きいか」なら、86ページの原案「ピラミッド型組織からフラット型組織に変更すべきである」を例にすると、次のような反論の応酬になります。

> 反論側：「フラット型組織にすると、社員のモチベーションが低下します。なぜなら、フラット型組織に変更すれば、多くの中間管理職が、その職を解かれて担当に降格させられてしまうからです」
>
> 原案側：「中間管理職が担当に降格させられてしまって

　　　　　も、そのモチベーションの低下はわずかなものです。なぜなら、役職以外の待遇は変わらないからです。給料は、役職ではなく成果で決まるので、成果を出せば、給料に大きな変化はありません」

反論側：「役職以外の待遇も変わります。なぜなら、中間管理職は、今までどおりの成果を出せなくなるからです。マネージメントを中心に仕事をしてきた管理職が、突然にプレーヤになるのですから、成果が出るはずはありません。成果が出ないので、給料が下がります。役職も給料も下がるのですから、モチベーションの低下は深刻です」

原案側：「突然にプレーヤに変更になっても、すぐに成果が出るはずです。なぜなら、管理職になる前にやっていた仕事なのですから。すぐに成果を出せるようになるのですから、モチベーションの低下は一時的なものです」

反論側：「前にやっていた仕事だからといって、すぐに今と同等の成果が出るわけではありません。なぜなら、その仕事をやっていたのは管理職になる前だからです。管理職になる前のレベルに戻ることになります」

▶ ポイント確認

問題:

「原案には、問題解決型と施策提案型がある」の「ポイント確認」(89ページ参照) で作成した原案に対して反論のポイントを考えましょう。

解答:

　原案を提示した直後に述べられる最初の反論では、原案が問題解決型か施策提案型かによらず、述べるべきことは次の3つのいずれかになります。
- メリットは生じない
- メリットは重要ではない
- より大きなデメリットを生む

1. 施策ではメリットは生じない
　成果主義を強化しても、生産性は向上しませんし、優秀な人材も確保できません。なぜなら、成果主義を強化しても成果と月給が連動しないからです。なぜなら……

2. 生じるメリットは重要ではない
　仮に、生産性が向上しても、その効果は微々たるものです。なぜなら……

3. 施策ではより大きなデメリットを生む
　逆に、成果主義を強化すると、社員のモチベーションが低下します。なぜなら……

コラム ▶議論上手とは

　世の中には、「議論上手」を自負している人がいます。しかし、その多くはじつは「議論下手」です。議論が上手か下手かは、その人がどのくらいしゃべるかを見ればすぐに分かります。

「議論上手」を自負してはいるが、じつは「議論下手」な人は、よくしゃべります。相手を言い負かそうとして、自分の主張を機関銃のように話します。少しでも反論の時間を相手から奪い、自分が話す時間を増やそうとします。ですから、相手が話している最中でも、割って入って、自分の意見を述べ始めます。

　しかし、本当に議論上手な人は、ほとんどしゃべりません。自分が説明する代わりに、相手に説明するよう要求します。議論上手な人が話すのは、「なぜ、そう言えるのですか」とか、「ということは、〇〇になるはずなのに、なっていないのはなぜですか」とかだけです。相手に、立証責任を負わせているのです。

　議論上手な人は、話さない代わりに、相手の話を注意深く聞いています。相手の主張の矛盾を見つけ出しているのです。つまり、論証型反論を意識しているのです。相手が話している最中に割って入ってくるのは、相手の根拠を聞いていない証拠です。それでは、論証型反論はできません。

　本当に議論上手な人と、議論上手を自負している人が議論をすれば、その差は歴然です。見ていて気の毒なほど差が出ます。

第2部 議論の技術

　論点を深める議論をするためには、次の5つの基礎技術が必要です。

「伝達の技術」　議論をスムーズに進めるために、原案や反論を分かりやすく伝える

「傾聴の技術」　論点を見出したり、深めたりするために、相手の原案や反論を注意深く聞く

「質問の技術」　論点を見出したり、深めたりするために、相手から情報を引き出す

「検証の技術」　論点を深めるために、根拠が正しいかどうかを確認する

「準備の技術」　論点を効果的に深めるために、あらかじめ論点やデータを整理しておく

1 伝達の技術

> **この章の POINT**
>
> 主張にしろ反論にしろ、正しく伝わって初めて議論は成立します。しかし、議論は口頭での説明が原則となるので、伝わりにくくなりがちです。効果的に伝えるには、5つの基本技術を意識することが重要です。5つの技術を、原案と反論の両方の説明で意識します。

1.1 5つの基本技術

▶ **ポイント**

原案や反論を正しく伝えるためには、次の5つの基本技術を意識しましょう。

- 最初にロードマップを述べる
- 並列している情報はナンバリングする
- 項目ごとにラベリングする
- 先に要点を述べる
- リンクの説明は言葉を重複させる

▶ **最初にロードマップを述べる**

話を始めるにあたり、最初に話全体の構成(ロードマップ)を述べます(次ページの最初の例参照)。つまり、何をどの順番で話そうとしているかを、まず伝えるのです。ロードマップがあると、次の点で分かりやすくなります。

- 説明の展開を予測できる
- 今の説明が説明全体のどこの位置かを把握できる

> 例:「まず、この装置を導入した場合のメリットについて述べ、次に費用の回収法について述べ、それから導入時期について述べます」

▶ 並列している情報はナンバリングする

列挙して述べるときは、まず項目がいくつあるかを述べ、その後、各項目に番号をつけて（ナンバリング）、順に述べます（下例参照）。ナンバリングすると、次の点で説明が分かりやすくなります。

- 説明の展開を予測できる
- 今の説明が説明全体のどこの位置かを把握できる
- 項目の境をはっきり認識できる
- その後の議論で「メリットの1番目」のように参照しやすい

> 例:「メリットは3つあります。1つ目は……になるということです。2つ目は……」

▶ 項目ごとにラベリングする

列挙して詳しく説明するときは、各項目に小見出しをつけて（ラベリング）から述べます（下例参照）。ラベリングすると、次の点で説明が分かりやすくなります。

- 要点を知った上で詳細を確認できる
- ポイントを強調できる
- その後の議論で参照しやすい

> 例:「メリットの1つ目は、『在庫の減少』です」

▶ 先に要点を述べる

ある程度まとまった話をする場合は、まず要点を先に述べてから、詳しく説明します（下例参照）。要点を先に述べると、次の点で分かりやすくなります。

- 要点を知った上で詳細を確認できる

> 例：「製造工程における移送が、いかに生産性を下げているかのデータを示します。図1をご覧ください。この図は……」

▶ リンクの説明は言葉を重複させる

ステップ・バイ・ステップの説明では、前後のステップで、言葉を重複させながら説明します（下例参照）。たとえば、主張のリンクを説明する場合です。言葉を重複させると、次の点で分かりやすくなります。

- ステップ間を明確に接続できる
- 説明のステップを飛ばすことなく説明できる

> 例：「アメーバ経営を導入すると、利益が大きく向上します。アメーバ経営を導入すると、各アメーバが独立採算で時間当たりの採算を競います。独立採算で競うためアメーバのメンバーの参加意識が高まります。メンバーの意識が高まれば、メンバーは積極的に工夫を凝らすようになります。現場のメンバーが工夫すれば、施策がより現場に合った内容になります。施策の質が上がれば、会社全体の利益が向上します」

▶ ポイント確認
問題：

　以下は、2009年に行われた政府の事業仕分けに対する意見です。しかし、効果的に説明できていません。どう説明すればより分かりやすくなるでしょう。

　まったく何を馬鹿なことを言っているんだ？

　政府の「事業仕分け」だ。トップレベル選手の強化に当てる日本オリンピック委員会（JOC）への国庫補助金が、縮減対象となっている。仕分け人は「違う助成金が同じ助成先に重なり、お金がどう使われているのか不透明」「メダルが国民の望みなら税金投入も必要だが、メダルが取れそうもない競技になぜ補助しているのか」という考えらしい。

　現在、スポーツへの助成金は3種類ある。一つがこの国庫補助金。年間約59億円のうち、約27億円が日本代表選手強化や国際大会への派遣費などに使われ、JOCの年間予算約86億5千万円の約3分の1を占める。残り二つは、国や民間が約300億円を出して作ったスポーツ振興基金と、サッカーくじ（toto）の収益金だ。スポーツ振興基金は競技団体ごとの強化事業や選手個人への助成、toto収益金は若手選手の発掘育成と、助成の目的が法律で決まっている。つまり、国庫補助金が減ると、トップレベルの選手が海外遠征や合宿に行けなかったり、行くにしても選手が自己負担しなければいけないという状況になる。

3種類の助成金の色分けが理解されていないうえ、仕分け人の言うことは、スポーツは五輪で日の丸を揚げなければいけないものだと解釈できるが、スポーツがファンや子供たちに与える影響はどれだけ大きいか。

　去年、野球のWBCで日本が優勝した時は国内があれだけ熱狂した。今年、サッカーW杯で目標通りにベスト4に入ったら、大変な騒ぎになる。また、北京五輪でフェンシングの太田雄貴が銀メダルという予想以上の成績を出したことで、フェンシングの認知度は飛躍的に上がった。あれは、決して「メダル有力」と目されていなかった競技だった。そういうのを見て、子供たちは「自分もやろう」となる。

　日本の政治の世界では、こうしてスポーツの地位は低くみられる。スポーツの重要性が本当の意味で理解されていないからだ。だが、スポーツはスポーツの世界にとどまらず、多方面に好影響を与えるものだ。

　例えば、昨年12月に文科省から発表された「全国体力調査」。小学5年生と中学2年生について、握力、反復横跳び、持久走か20メートルのシャトルラン、50メートル走、立ち幅跳び、ボール投げ、上体起こし、長座体前屈の八つを測定するもので、各都道府県別の結果が出ている。（以下省略）

(asahi.com（朝日新聞社）2010年1月8日　釜本邦茂「釜本邦茂のニッポンFW論」)

1 伝達の技術

解答：

　国庫補助金が縮減対象となっている理由が2つあります。1つ目に、違う助成金が同じ助成先に重なり、お金がどう使われているのか不透明だということ。2つ目に、メダルが取れそうもない競技になぜ補助しているのかということです。そこで、この2点について説明します。

　1つ目の、助成金の用途が不透明という点ですが、現在ある3種類の助成金は、それぞれの用途が明確に分かれて使われています。1種類目が国庫補助金。国庫補助金は……。2種類目がスポーツ振興基金。スポーツ振興基金は……。3種類目が、サッカーくじ（toto）の収益金。toto収益金は……。

　2つ目の、メダルが取れそうもない競技になぜ補助するのかという点ですが、スポーツは学業や健康に好影響を与えるからです。学業に対する好影響は……。健康に対する好影響は……。

解説：

　上記解答には、先に説明した以下の技術が使われています。

- 最初にロードマップを述べる
- 並列している情報はナンバリングする
- 項目ごとにラベリングする
- 先に要点を述べる

1.2 原案を説明する

▶ ポイント

原案は、2つの型（問題解決型と施策提案型）のフローに沿って、先に説明した5つの基本技術を使って説明します。

- 最初にロードマップを述べる
- 並列している情報はナンバリングする
- 項目ごとにラベリングする
- 先に要点を述べる
- リンクの説明は言葉を重複させる

▶ 問題解決型

「原案には、問題解決型と施策提案型がある」で紹介した「ピラミッド型組織からフラット型組織に変更すべきである」（86ページ参照）というテーマで原案を提示することを考えましょう。先に紹介した5つの基本技術を使って説明する（実際のビジネスの場ではプレゼンテーションする）と、次のようになります。

(0) ロードマップ

> 「当社はフラット型組織に変更すべきであると提案します。そこで、まず当社の抱えている問題とその原因を分析します。次に、フラット型組織にすることでその問題が解決できることや、副次的なメリットについて説明します。最後に新たに生じる問題への対応についても説明します」

使用した基本技術
- 最初にロードマップを述べる
- 先に要点を述べる

(1) 現状の問題点

> 「まず、現在、当社の抱える大きな問題として、多様な顧客ニーズに対して、フレキシブルな対応が取れないことが挙げられます。たとえば、A社とのビジネスを失注した件です。この件では……（事例の紹介）」

使用した基本技術
- 先に要点を述べる

(2) 問題点の深刻性

> 「この問題は、当社の屋台骨を揺るがしかねないほどの損害を与えています。たとえば、先に説明したA社の件では、失注による売上損失が……（事例の紹介）」

使用した基本技術
- 先に要点を述べる

(3) 問題の原因

> 「顧客ニーズに対してフレキシブルな対応が取れない原因は、ピラミッド型組織にあります。当社は各事業部がピラミッド型で構成されているので、末端の担当者からトップの事業部長まで、多くの階層があります。この多くの階層のために、担当者から事業部長までの情報伝達

> 回数が多くなります。情報の伝達回数が増えれば、伝言ゲームのように、情報は遅く不正確になります。遅く不正確な情報では、トップのビジネス判断も遅く不適切になります。その結果、顧客ニーズに対してフレキシブルな対応が取れないのです」

使用した基本技術
- 先に要点を述べる
- リンクの説明は言葉を重複させる

(4) 施策

> 「そこで、各事業部をフラット型組織に変更することを提案します。具体的には、3つの改革を実行します。
>
> 　1つ目は、中間管理職の廃止です。従来の6階層、つまり担当－係長－課長－次長－部長－事業部長を、3階層、つまり、担当－グループリーダー－事業部長に削減します。
>
> 　2つ目は、グループ間の人材流動化です。事業部長のもとで管理される各グループでは……（以下、施策の説明）」

使用した基本技術
- 並列している情報はナンバリングする
- 項目ごとにラベリングする
- 先に要点を述べる

（5）施策が問題を解決する過程

「組織をフラットにすることで、事業部長までの伝達回数が5回から2回に減ります。伝達回数が減るのですから、情報が速く、正確に伝わります。速く正確な情報によって、事業部長のビジネス判断も速く、適切になります。結果として、顧客ニーズに対してフレキシブルな対応が取れるようになります」

使用した基本技術
- 先に要点を述べる
- リンクの説明は言葉を重複させる

（6）問題解決以外の副次的なメリット

「組織をフラットにすることで、グループリーダーの視野が広がるという別のメリットも生じます。組織をフラットにすると、グループリーダーはこれまで以上に多くのメンバーと広い内容をマネージメントすることになります。より広範囲を担当するぶん、グループリーダーの視野が広がります」

使用した基本技術
- 先に要点を述べる
- リンクの説明は言葉を重複させる

（7）施策により新たに生じる問題への対応

「中間管理層が減ることで、リーダーへの業務負担の増

> 加が心配されるので、2つの対策を取ります。
>
> 　1つ目は、リーダーがマネージメントする人数は15人までとします。1人のリーダーが15人をマネージメントすれば、3階層の組織でも、約240人の大きな組織を構成できます。
>
> 　2つ目にリーダーはマネージメントに徹することとします。従来のような、マネージメントしつつ、プロジェクトのメンバーとして作業も担当することは認めません」

使用した基本技術
- 並列している情報はナンバリングする
- 先に要点を述べる

▶ 施策提案型

「原案には、問題解決型と施策提案型がある」で紹介した「社内公用語を英語にすべきである」(88ページ参照) というテーマで原案を提示することを考えましょう。先に紹介した5つの基本技術を使って、実際のビジネスの場なら、以下のような説明になります。

(0) ロードマップ

> 「当社は公用語を英語にすべきであると提案します。そこで、まずは提案内容をより詳細に説明します。次に、公用語を英語にしたときのメリットをご説明します。最後にデメリットへの対応についても説明します」

使用した基本技術
- 最初にロードマップを述べる
- 先に要点を述べる

(1) 提案内容

> 「社内の公用語を英語にすることを提案します。具体的に次の3つの施策を実行します。
> 　1つ目は、公式文書の英語化です。社内の公式文書、つまり社内規定の文書番号を採番して発行する文章は、すべて英語とします。
> 　2つ目は、管理職以上の会議の英語化です。会議の参加者が全員、管理職以上の会議では、英語で会話することとします。日本語の使用を禁止します。
> 　3つ目は、平時の英語使用の推奨です。通常時の会話やメールも、可能な限り英語を使います。とくに、メールのような文書では……（以下、提案内容の説明）」

使用した基本技術
- 並列している情報はナンバリングする
- 項目ごとにラベリングする
- 先に要点を述べる

(2) メリット

> 「公用語を英語にすることで生じるメリットは、大きくは2つです。1つ目は、優秀な日本人の採用です。2つ目は、優秀な外国人の採用です」

使用した基本技術
- 並列している情報はナンバリングする
- 項目ごとにラベリングする
- 先に要点を述べる

(3) メリットの生じる過程

> 「1つ目のメリット、優秀な日本人の採用について説明します。英語を公用語にした場合、新卒採用時には、英語を真剣に勉強してきた人材だけが入社を希望します。英語ができる人材だけから選考できるのですから、英語という、学業成績や学生時代の諸活動より、ずっと実用的なビジネス能力で一次選考したのと同じです。入社希望者を合理的に一次選考できれば、後の選考に時間をかけられます。時間をかけて人材評価をすれば、優秀な人材を見出しやすくなります。
>
> 　2つ目のメリット、優秀な外国人の採用について説明します。英語を公用語にすれば、英語だけで仕事ができるようになります。英語で仕事できるなら、日本語の苦手な人材も応募するようになります。日本語ができないが優秀な人材は、世界には多数います。世界中から人材を選べるのですから、国内だけで人材を集めるより、優秀な人材を採用できます」

使用した基本技術
- 先に要点を述べる
- リンクの説明は言葉を重複させる

(4) メリットの重要性

> 「1つ目のメリット、優秀な日本人の採用について、英語能力の高い人材は、当社の発展に大きな貢献が期待できます。グローバル化の進む当社では、英語力は実務を遂行する上でとても重要だからです。事実、事業部長以上のTOEIC平均点は、905点にも達します。
> 　2つ目のメリット、優秀な外国人の採用について、優秀な外国人は、グローバルな発展にとても重要です。世界で成功するには、その国の文化や習慣に合った施策が必要だからです。事実、その国の人間がリーダーを務めている海外現地法人は、日本人がリーダーを務めている海外現地法人より、業績が好調です」

使用した基本技術
- 並列している情報はナンバリングする
- 先に要点を述べる

(5) 予想されるデメリットへの反論

> 「既存の日本人社員の生産性低下が考えられるので、2年間の猶予を設けます。その間、英語による書類や会議は、重要な場合に限定します。2年間、真剣に取り組めば英語力は大幅に向上するはずです。逆に、2年かけても英語が上達しないのであれば、当社の社員としての資質に欠けると判断せざるを得ません」

使用した基本技術
- 先に要点を述べる

▶ ポイント確認

問題：

　元トリンプ・インターナショナル・ジャパン社長の吉越浩一郎氏は、仕事のデッドライン化を徹底することで、全社における残業ゼロを達成しました。吉越氏は、社員の仕事のデッドラインを決め、解決策の提案を1人の社員に委ねました。社員は、段取りを自分で考え、それを終わらせるために仕事に集中するようになったのです。そこで、「仕事のデッドライン化を徹底すべき」というテーマで原案を提示するにあたり、「残業ゼロを達成できる」というメリットが発生する過程を説明しましょう。

解答：

　仕事のデッドライン化を徹底すれば、社員はその日にやるべき仕事を自分で把握できるようになります。その日にやるべき仕事が明確なら、そのための段取りを考えます。自らが仕事の段取りを考えれば、いちいち上司に相談したりせず、黙って1人で仕事を進められるので、仕事の密度と効率、つまり生産性が上がります。生産性が上がるので、デッドラインまでに仕事が終わります。予定どおり終われば、残業をせずに済みます。

解説：

　説明するにあたり、次の2つの基本技術を使いましょう。
- 先に要点を述べる
- リンクの説明は言葉を重複させる

コラム ▶ **メリットの重要性には質と量がある**

　メリットの重要性を説明するときには、「質」と「量」の両方を説明できるようにしておきましょう。
「質」：なぜ（Why）そのメリットが重要なのか
「量」：どのくらい（How much, How many）生じるのか
　たとえば、ある施策によって、その企業が排出する二酸化炭素のかなりの量を抑制できるとします。
　このとき、メリットの重要性を、「質」と「量」の両方から、次のように説明するのです。
「質」：二酸化炭素の排出を抑制することはとても重要です。なぜなら、政府の指導により、経団連は環境自主行動計画を策定し、業種別の数値目標を制定して、主要企業に対して報告を求めているからです。二酸化炭素の排出に非協力的な場合、当社の産業界における地位が低下するばかりではなく、直接イメージダウンにつながります。
「量」：二酸化炭素の排出を〇〇トン抑制できます。これは当社における排出量の12％削減に匹敵します。12％削減できれば、業種別の数値目標である〇〇を達成することが容易になります。
　いつでも、「質」と「量」両方の説明が必要かというとそうでもありません。「質」が当たり前だったり、「量」が示せなかったりするときもあります。「できれば両方とも説明する」ぐらいに考えてください。

1.3 反論を説明する

▶ ポイント

反論では、原案の2つの型(問題解決型と施策提案型)によらず、次の3点を主張することになります(「原案を、論証型反論の応酬で深める」96ページ参照)。

- 問題は解決しない/メリットは生じない
- 問題は深刻ではない/メリットは重要ではない
- より大きな問題やデメリットを生む

このとき、先に説明した5つの基本技術で説明します。

- 最初にロードマップを述べる
- 並列している情報はナンバリングする
- 項目ごとにラベリングする
- 先に要点を述べる
- リンクの説明は言葉を重複させる

▶ 問題解決型の原案への反論

「原案を説明する」で紹介した原案「ピラミッド型組織からフラット型組織に変更すべきである」(112ページ参照)に反論することを考えましょう。先に紹介した5つの基本技術を使って説明すると、次のようになります。

(0) ロードマップ

> 「当社はフラット型組織に変更すべきではありません。その理由として、まず、フラット型組織にしても、顧客ニーズに対してフレキシブルな対応が取れないという問題を解決できないことを説明します。次に、仮にこの問

> 題が解決できたとしても、取るに足らないことを説明します。さらに、フラット型組織にすると、より大きな問題を生んでしまうことも説明します」

使用した基本技術
- 最初にロードマップを述べる
- 先に要点を述べる

(1) 施策では問題が解決しない

> 「まず、フラット型組織にしても、顧客ニーズに対してフレキシブルな対応が取れないという問題は解決しません。なぜなら、組織をフラットにして伝達回数が減っても、情報はより速く、より正確には伝わらないからです。なぜ、速く正確には伝わらないかというと、多くの情報が1人のリーダーに集中すると、リーダーの処理能力を超えてしまうからです。処理能力を超えてしまうと、リーダーが、事業部長に伝えるべき情報の取捨選択ができなくなったり、担当が情報をリーダーに伝えるのを躊躇してしまったりします」

使用した基本技術
- 先に要点を述べる
- リンクの説明は言葉を重複させる

(2) 現状の問題は取るに足らない

> 「仮に、フラット型組織にすることで、顧客ニーズに対してフレキシブルな対応が取れないという問題が解決し

> たとしても、そもそもその問題自体が取るに足りません。なぜなら、例で挙がっていたA社では……（以下、問題が取るに足らないことの説明）」

使用した基本技術
- 先に要点を述べる

(3) 施策ではより大きな問題を生む

> 「さらにフラット型組織にすると、より大きな問題を2つ生んでしまいます。
>
> 　1つ目はモチベーションの低下です。施策では、階層が減るのですから、中間管理職が減ります。これまで中間管理職だった者が、その職を解かれて担当になります。これは明らかに降格です。仕事でミスしたわけでもないのに降格させられてしまえば、その者のモチベーションが下がります。
>
> 　2つ目は、人材育成の機会逸失です。施策では、階層が減るのですから、1人のグループリーダーが多くの担当を育成することになります。多くの担当がいれば、1人当たりに対する指導が減ります。若手の育成が遅れることになります」

使用した基本技術
- 並列している情報はナンバリングする
- 項目ごとにラベリングする
- 先に要点を述べる

▶ 施策提案型の原案への反論

「原案を説明する」で紹介した原案「社内公用語を英語にすべきである」（116ページ参照）に反論することを考えましょう。先に紹介した5つの基本技術を使って説明すると、次のようになります。

(0) ロードマップ

> 「当社は公用語を英語にすべきではありません。その理由として、まず、公用語を英語にしてもメリットが生じないことを説明します。次に、仮にメリットが生じたとしても、そのメリットが取るに足らないことを説明します。さらに、公用語を英語にすると、より大きなデメリットを生んでしまうことも説明します」

使用した基本技術
- 最初にロードマップを述べる
- 先に要点を述べる

(1) 提案された施策ではメリットが生じない

> 「公用語を英語にしても、優秀な日本人も優秀な外国人も採用できません。
> 　1つ目、優秀な日本人の採用ですが、採用に時間をかけられるからといって、優秀な人材を見出せるわけではありません。なぜなら、面接やグループディスカッションで、業務への適性や能力を測るには限界があるからです。実際、人事部長のA氏は、「採用かどうかは最初の5分でほぼ決まる」と述べています。

第2部 議論の技術

> 2つ目、優秀な外国人の採用ですが、英語で仕事ができるようになるからといって、世界中から人材を選べるわけではありません。なぜなら、人材募集は世界中に向けて発信するわけではないからです。各国内で募集するだけです。日本なら、日本国内に向けて人材募集するのです。応募するのは日本在住の外国人だけです。日本在住の外国人なら、英語にこだわる必要はないはずです」

使用した基本技術
- 並列している情報はナンバリングする
- 項目ごとにラベリングする
- 先に要点を述べる

(2) メリットは取るに足らない

> 「公用語を英語にすることで、仮に優秀な日本人や優秀な外国人が採用できたとしても、そのメリットは微々たるものです。
>
> 1つ目、優秀な日本人の採用ですが、入社時に英語ができることはわずかなメリットに過ぎません。たしかに、グローバル化の進む当社では、英語力は実務を遂行する上でとても重要です。しかし、英語力は後からでもマスターできる能力です。入社時にマスターできていることは、単にほんの少し一部の業務能力が先行しているに過ぎません。
>
> 2つ目、優秀な外国人の採用ですが、入社時にその国に精通していることはわずかなメリットに過ぎません。たしかに、海外で成功するには、その国の文化や習慣に

> 基づいたマーケティングが必要です。しかし……（以下、メリットが取るに足らないことの説明）」

使用した基本技術
- 並列している情報はナンバリングする
- 項目ごとにラベリングする
- 先に要点を述べる

（3）提案された施策ではより大きなデメリットを生む

> 　「逆に、公用語を英語にすることで、仮に2年間の猶予があっても、英語を使わない日本人社員の生産性が大幅に下がります。公用語を英語にすれば、英語を使う必要のない場面でも、英語でコミュニケーションすることになります。英語でのコミュニケーションは、日本語に比べて時間がかかります。ここで生産性が下がるばかりではなく、時間がかかると面倒なので、つい説明を端折りがちになります。説明を端折れば、不十分な情報伝達によって、仕事の後戻りが増えます。その結果としても生産性は下がります。将来幹部になる人は、そういう試練も将来への投資として必要かもしれませんが、社員全員が幹部になれるわけでも、なりたいと思っているわけでもありません」

使用した基本技術
- 先に要点を述べる
- リンクの説明は言葉を重複させる

第2部 議論の技術

▶ ポイント確認

問題:

「原案を説明する」の「ポイント確認」(120ページ参照)では、「仕事のデッドライン化を徹底すべき」というテーマにおける原案で、「残業ゼロを達成できる」というメリットが発生する過程を次のように説明しました。この部分について反論しましょう。

> 「仕事のデッドライン化を徹底すれば、社員はその日にやるべき仕事を自分で把握できるようになります。その日にやるべき仕事が明確なら、そのための段取りを考えます。自らが仕事の段取りを考えれば、いちいち上司に相談したりせず、黙って1人で仕事を進められるので、仕事の密度と効率、つまり生産性が上がります。生産性が上がるので、デッドラインまでに仕事が終わります。予定どおり終われば、残業をせずに済みます」

解答:

　仕事のデッドライン化を徹底しても、残業ゼロは達成できません。なぜなら、自らが仕事の段取りを考えたからといって、仕事の密度と効率が、際だって向上するわけではないからです。自らが仕事の段取りを考えれば、たしかに上司に相談する時間は不要になるでしょう。しかし、そんな時間はわずかであって、残業がゼロになるほどの生産性の向上は考えられません。

コラム ▶ 「反対するなら代案出せ」は正しいか？

「反対するなら代案出せ」「代案もないのに批判するのは無責任だ」という意見がありますが、そんなことはありません。代案を出さずに反対する人は、代案を暗示しています。その代案は、現状維持です。

たとえば、「原子力発電所の再稼動に反対」する人の代案は、現状維持です。つまり、火力発電を中心に据えつつ、可能な限り再生可能エネルギーを使うということです。発電コストの上昇や、二酸化炭素の排出増加には目をつむり、安全を優先するということです。

たとえば、「消費税増税に反対」する人の代案は、現状維持です。つまり、社会保障費は、これまでどおり一般財源に頼るということです。それによって、国の借金が増えても、現在の生活水準を維持することを優先するということです。

現状維持は、悪い政策ではありません。新しい政策を導入することで、メリットよりデメリットが大きいなら、現状維持のほうがましです。仮に現状維持では、将来の破綻が見えていたとしても、デメリットのほうが大きい政策を取るよりましです。

望まれるのは、新しい政策のメリットがデメリットより大きくなるように、議論を通じて洗練させることです。議論を勝ち負けでとらえると、YESかNOかになるので、政策は洗練されません。議論を通じてWin-Winのソリューションを見つけ出すことを考えなければなりません。

2 傾聴の技術

この章のPOINT

論点を深めるには、相手の原案や反論に対して、論証型反論をしなければなりません。そのためには、どの論点がどう議論されているかを正しく聞き取らなければなりません。また、原案や反論の根拠をしっかり聞き取らなければなりません。相手の反論を聞くときは、相手が述べるべきことを予想しながら聞くと、論点がずれるのを防止できます。

2.1 議論の流れを聞き取る

▶ **ポイント**

実際の議論では、複数の論点が同時並行で議論されます。今、どの論点がどこまで議論されているのかをしっかり聞き取らなければなりません。そのためには、議論の流れをメモに取ることが重要です。

▶ **聞くことは話すことより重要**

議論において、相手の意見を聞き取ることは、自分の意見を述べること以上に重要です。なぜなら、相手の意見の根拠を聞いて初めて、論証型反論ができるからです。相手の話を聞かずに、遮って反論を始めるようなら、主張型反論になります。双方が主張型反論を述べれば、議論は平行線になります。平行線の議論では論点が深まらないので、Win-Winのソリューションは見出せません。

▶ 複数の論点が同時並行で進む

　しかし、相手の意見を確実に聞き取ることはとても難しいことです。なぜなら、実際の議論では、複数の論点が同時並行で進むからです。1つのことを述べたら、別の人がまた1つのことを述べるという単純な流れではありません。たとえば、主張する側が、施策提案型の原案で、2つのメリットを述べたとします。すると、その2つのメリットが、それぞれ生じるかどうかという、2つの論点が生まれます。また、反論する側が、この2つのメリットに対して、それぞれ2つの論点で反論したなら、2×2＝4で、4つの論点が生まれます。議論では、この4つの論点が同時に検討されることになります。

▶ 議論の流れをメモする

　そこで、相手の意見を確実に聞き取るために、議論をメモに取りましょう。メモは、会議の司会者が、ホワイトボードに、議論の流れに沿って取っていきます。

　議論の流れをメモするのは、議論をコントロールしている司会者の仕事です。このような司会者を、ファシリテータと呼びます。ファシリテータは、議論をメモしながら、掘り下げるべき論点について意見を求めたり、論点がそれたら修正を促したりします。議論をメモするにあたり、書記のような、メモ専門の役割を設けないのは、司会者が議論の流れを最もよく把握していなければならないからです。

　議論の流れは、ホワイトボードなどに記録します。ホワ

イトボードを使うのは、議論の流れを参加者全員が確認できるようにするためです。議論の流れをノートにメモしたのでは、ファシリテータしか見えません。議論が深まると、記録すべき情報が増えますので、できればホワイトボードを複数用意しておきたいです。

議論の流れは、以下のような要領でメモしていきます。
- 主張を、ステップ・バイ・ステップで、ホワイトボードの1つ、あるいは上段に書く
- 主張型反論は、もう1つのホワイトボード、あるいは同じホワイトボードの下段に、ステップ・バイ・ステップで書く
- 論証型反論は、すでに記録した主張の、対応する根拠の横に書く
- 原案提示側と反論側で、ペンの色を変える

メモの例を次ページに示します。この例ほど丁寧に書く必要はありません。実際の議論にかかわる部分だけでもかまいません。

このように、議論の流れを記録すると、議論が深まりやすくなります。なぜなら、主張型反論と論証型反論をはっきり区別できるので、論証型反論がしやすくなるからです。また、どの論点がどこまで深まったか、合意点は見出せたのか、どの論点を深めなければならないのかなどが、一目瞭然だからです。

社内公用語を英語にすべてある

提案：公用語を英語にする（公式文書の英語化、管理職以上の会議は英語、平時の英語使用の推奨）

メリット1：優秀な日本人の採用

英語を勉強した人材だけが入社希望
▼
ビジネス能力での一次選考と同様
▼
後の選考に時間をかけられる
▼
優秀な人材を見出しやすくなる

メリット2：優秀な外国人の採用

英語だけで仕事ができる
▼
日本語のできない人材も応募 ▶ 人材募集は世界中に向かって発信するわけではない ▶ 面接やグループディスカッションで、適性や能力を測りきれない ▶ であるから、一次選考の質が問われる ▶ 少なくとも現地の優秀な人材を採用できる ▶ 現地に限るから、認知できるほど高くない当社に応募する優秀な人材はかなり限定的 ▶ 後がでてきてマスターできる能力で選考するに意味はない ▶ 必要なことを前もってマスターしているのと、迫ってて必要になってからマスターするのでは能力の差は歴然

世界中から人材を選べる
▼
優秀な人材を採用できる

文化や習慣に対する知識は必要だが、あくまで補助データ

1. 英語力は重要：事業部長以上はTOEIC905点
2. その国の文化や習慣にマーケティングが必要

2年間の猶予を設ける

第2部 議論の技術

社内公用語を英語にすべきである

デメリット：日本人社員の生産性低下

会議を書類を英語にする

- 英語でコミュニケーション ▶ 社内文書は、図表やグラフが多いので英語でも大差はない ▶ ○○などは作成に時間がかかる
- 時間がかかる ▶ 無駄な会議、無駄な会話が減って生産性は上がる ▶ 徐々に減るもの
- 説明を端折る
- ミスコミュニケーション ▶ ミスコミュニケーションの具体例は? ▶ 仕様書 ▶ 外部機関作成の英文仕様書は今でもある
- 生産性が下がる

2 傾聴の技術

▶ **ポイント確認**

問題：

「原案を説明する」で紹介した「ピラミッド型組織からフラット型組織に変更すべきである」というテーマで提示した原案の、「施策が問題を解決する過程」（115ページ参照）と、それに対する反論である「施策では問題が解決しない」（123ページ参照）とを、メモに書き取りましょう。

解答：

組織をフラットにする

伝達回数が5回から2回に減る

 ▶ 処理能力を超えるので、情報の取捨選択ができない、担当が情報をリーダーに伝えるのを躊躇する

情報が速く、正確に伝わる

ビジネス判断も速く、適切になる

▼

顧客ニーズに対してフレキシブルな対応が取れる

2.2 主張、理由、データを聞き分ける

▶ ポイント

人の原案や反論を聞くときに大事なのは、主張と理由、データを聞き分けることです。まず、主張を聞き分ける力を持ちましょう。データや理由は主張ではありません。次に、主張を聞いたら「なぜ？」と根拠を確認する習慣が必要です。根拠を聞いたら、その根拠には理由とデータがあるかどうかを確認しましょう。理由を聞いたら、さらに「なぜ？」と根拠を確認しましょう。

▶ 主張を聞き分ける（データは主張ではない）

主張を聞き分けることは、当たり前に感じるかもしれません。しかし、じつは多くの人が、データを示しただけで主張したつもりになっています。データで主張を暗示すれば、誤解のもとです。また、暗示した主張が、的外れになっている場合もあります。主張が分からない場合は、相手に確認しましょう。

データだけ述べて主張を述べた気になってはいけません。データだけ述べる人は、「データを聞けば言いたいことは分かるだろう」と思っているのでしょう。あるいは、主張とデータは違うことを認識できていないのかもしれません。つまり、データは、あくまで主張を支える根拠（理由とデータ）の一部にすぎないことを分かっていないのかもしれません。

たとえば、「小学校1年生の『35人学級』を『40人学級』に戻す」という財務省の案に反対する、朝日新聞の下記の社説を見てみましょう。

> （筆者注：財務省が根拠として示した、クラスの人数を減らしてもいじめの減少に効果がなかったという指摘に対して）
>
> 　しかし、いじめの数値は発生ではなく認知件数で、教職員の意識によって左右される。特定学年の教育のあり方の評価手段には、ふさわしくない。そもそも制度の効果をわずか3年で結論づけるのは早計に過ぎる。
> 　日本の教員の多忙さは、経済協力開発機構（OECD）の国際調査で明らかになったばかりだ。1週間の勤務時間が参加国・地域で最長だった。そもそも小学校の1学級当たりの児童数は、日本が28人で、OECD平均の21人よりかなり多い。
> 　少人数学級を求める声は根強い。提案に反対する保護者らの署名活動が始まっている。根拠の乏しい提案を重ねると、国民の理解が得られず、財政再建がかえって遠のきかねない。
>
> （朝日新聞2014年11月7日付社説「40人学級復活　安易な予算削減では」）

　ここで書き手は、まず、財務省の主張に対して論証型反論をしています。つまり、財務省が「いじめの減少に効果がなかった」という根拠で、「40人学級に戻す」と主張したのに対して、「いじめの数値は、教育の質を測るには不適切」と根拠に対して反論しています。その反論の根拠は、「いじめの数値は発生ではなく認知件数」だし、「3年

で結論づけるのは早計に過ぎる」からです。

しかし、その次に示したデータで、書き手が何を主張したいのかが分かりません。書き手は、教員の勤務時間が長いことや、1学級当たりの児童数が多いことを示すデータを示しています。このデータは、どのような主張の根拠として持ち出されたのでしょう。データの意味から、暗示された主張を読み取れというのでしょうか？

議論の流れから考えると、考えられるのは、論証型反論を続けるか、主張型反論に移るかです。論証型反論を続けるなら、財務省の主張の根拠である「いじめの減少に効果がなかった」に対して、「いじめの数値は、教育の質を測るには不適切」とは別の点から反論します。主張型反論に移るなら、「40人学級に戻す」ことによる、いじめ増加とは別のデメリットを示すことになります。

しかし、示されたデータは、論証型反論でも主張型反論でもない、的外れな内容です。少なくとも、このデータは論証型反論ではありません。なぜなら、教員の勤務時間の長さも、1学級当たりの児童数の多さも、「いじめの減少に効果がなかった」という根拠に対する反論にはならないからです。では、主張型反論として「教員が一層多忙になる」と、デメリットを述べているのでしょうか。しかし、そうとも読めません。なぜなら、文章の最後で、教師の視点はなく保護者の視点からしか述べていないからです。

このように、データだけで主張があいまいな場合は、相手に確認しましょう。たとえば、次のように確認します。

> 例：「恐れ入りますが、教員の勤務時間の長さや1学級当たりの児童数の多さを示すデータでおっしゃりたいのは、『教員が多忙だと教育の質が下がる』ということですか？ もしそうなら、『教育の質が下がる』ことを示すデータをお持ちですか？ あるいは、おっしゃりたいのは『教員が一層多忙になる』という別のデメリットですか？」

▶ 主張を聞き分ける（質問は主張ではない）

同様に、質問して主張を述べた気になっている人も多くいます。質問を主張の代用にすると、聞き手は誤解しかねません。さらに、質問の形をした主張は、立証責任を相手に押しつけるルール違反になりかねません。主張が分からない場合は、相手に確認しましょう。

質問だけして主張を述べた気になってはいけません。質問は、質問であって、主張ではありません。質問したことで主張を述べた気になってしまうのは、質問が主張を暗示することもあるからです。たとえば、先の社説の例では、最初に書き手が主張を述べています。この主張は、質問によっても暗示できます（次ページの例参照）。

> よい例:「(いじめの数値は) 教育のあり方の評価手段として、ふさわしくない」
> 悪い例:「(いじめの数値は) 教育のあり方の評価手段として、ふさわしいですか?」

　質問を主張の代わりに使ってはいけないのは、あいまいだからです。その質問の意図が、文字どおりのことを聞いているのか、根拠を聞いているのか、反対のことを主張しているのかが、分からないのです。したがって、質問に対する回答も、質問の意図に応じて3通りになります。

　先に示した「(いじめの数値は) 特定学年の教育のあり方の評価手段として、ふさわしいですか?」を例に、質問のあいまいさを具体的に示しましょう。

> 文字どおりのことを聞いている場合
> 　意図:　ふさわしいか、ふさわしくないかが分からないので、どちらなのかを聞いている
> 　回答例:「ふさわしいです」
>
> 相手の根拠を聞いている場合
> 　意図:　相手がふさわしいと考えているようなので、その根拠を聞いている
> 　回答例:「なぜなら、35人学級制を導入した最大の根拠が、いじめの減少だからです」

> 相手とは反対のことを主張している場合
> 意図：　ふさわしくないと主張している
> 回答例：「なぜ、ふさわしくないと考えているかの根拠を教えてください」

　質問を主張の代わりに使ってはいけないもう1つの理由は、立証責任を相手に押しつけることにもなるからです。先に示した例で、質問の意図が「ふさわしくないと主張している」なら、ふさわしくないことを立証する責任は、主張した側にあります。しかし、質問の形を取ってしまうと、質問された側はこの質問に答えなければなりません。このとき多くの人が、なぜふさわしいかを答えようとしてしまいます。つまり、質問者は本来自分側にある立証責任を、相手側に押しつけるというルール違反を犯しているのです。

　このように、質問だけで主張があいまいな場合は、相手に確認しましょう。たとえば、次のように確認します。

> 例：「今の質問は、ふさわしいか、ふさわしくないかを聞いているのですか？　それとも、ふさわしい根拠を聞いているのですか？　それとも、ふさわしくないと主張されているのですか？」 ㊟好例

▶ 主張を聞いたら「根拠は？」と思え

　主張を聞いたら、根拠があるかを確認しましょう。つまり、「なぜ？」と思う習慣を持つのです。

たとえば、次のような主張を聞いたとします。

> 過去の経緯を振り返るたびに痛切に感じるのは、わが国固有の歴史、文化、伝統を踏まえた教育理念に基づく、真の改革に早急に取り組まねばならないということだ。重要なのは、制度改革や新たなカリキュラムといった器作りに着手する以前に、日本独自の「精神」や「魂」、「志」の問題を考慮することである。ここにきて、半世紀近くにわたって、全国一律で実施されてきた義務教育「6・3制」を見直す動きもあるようだが、ここでも学校の各段階に応じて、子どもに何を教えるかということが真っ先に論じられなければならない。
>
> (「WEDGE」2004年10月号 中曽根康弘「すべての基本は『読み書きそろばん』にあり」)

この意見の中には、少なくとも次の3つの小さな主張が述べられています。

- 歴史、文化、伝統を踏まえた教育理念に基づく、真の改革に早急に取り組まねばならない
- 日本独自の「精神」や「魂」、「志」の問題を考慮する必要がある
- 子どもに何を教えるかということが真っ先に論じられなければならない

そこで、このような主張を聞いたなら、次のような疑問を持てるようにしましょう。

- なぜ、「歴史、文化、伝統を踏まえた教育理念に基づく、真の改革に早急に取り組まねばならない」のか

- なぜ、「日本独自の『精神』や『魂』、『志』の問題を考慮する」必要があるのか
- なぜ、「子どもに何を教えるかということが真っ先に論じられなければならない」のか
- もし、上記のことが当たり前の内容なので根拠を述べていないとしたら、なぜそのような当たり前のことを主張しなければならないのか

▶ 根拠を聞いたら、理由とデータはあるかと思え

　主張に対する根拠が分かったら、その根拠は理由なのかデータなのかを確認しましょう。もし、理由だけでデータがないなら、データはあるのかと考えましょう。もし、データだけで理由がないなら、理由は何かと考えましょう。

　根拠を聞いたら、その根拠は理由なのか、データなのか、あるいはその両方なのかを判断しましょう。たとえば、先の主張を次のように述べれば、根拠として理由とデータの両方を述べたことになります。

> 「わが国固有の歴史、文化、伝統を踏まえた教育理念に基づく、真の改革に早急に取り組まねばならない（主張）。なぜなら、真のグローバル化のためには、自国の文化と相手の文化に対する深い理解が必要だからである（理由）。海外の知識人と話をしていると、日本の文化や文学に深い造詣があって初めて答えられるような質問をよくしてくる（データ）」

その根拠が、理由だけでデータがないなら、データはないかと考えましょう。たとえば、先の意見が次のように述べられていたら、「真のグローバル化のためには、自国の文化と相手の文化に対する深い理解が必要」な具体例はないかと考えるのです。

> 「わが国固有の歴史、文化、伝統を踏まえた教育理念に基づく、真の改革に早急に取り組まねばならない（主張）。なぜなら、真のグローバル化のためには、自国の文化と相手の文化に対する深い理解が必要だからである（理由）」

逆に、その根拠が、データだけで理由がないなら、理由は何かと考えましょう。たとえば、先の意見が次のように述べられていたら、「なぜ、わが国固有の歴史、文化、伝統を踏まえた教育理念が必要と言っているのか」を自分で見出すか、相手に問いただすかをしなければなりません。

> 「わが国固有の歴史、文化、伝統を踏まえた教育理念に基づく、真の改革に早急に取り組まねばならない（主張）。海外の知識人と話をしていると、日本の文化や文学に深い造詣があって初めて答えられるような質問をよくしてくる（データ）」

▶ **理由を聞いたら「根拠は？」と思え**

さらに理由が分かったら、その理由には根拠が必要かどうかを確認しましょう。つまり、主張を聞くときと同じように、理由を聞くときも「なぜ？」と思う習慣が必要です。

理由を聞いたら、その理由には根拠が必要ではないかと考えましょう。理由も主張ですから、当たり前でないなら、根拠を述べなければなりません（「理由は主張でもある」42ページ参照）。たとえば、先の例なら、なぜ、「真のグローバル化のためには、自国の文化と相手の文化に対する深い理解が必要」なのかと考えるのです。

　相手が、理由の根拠まで説明してくれないなら、「なぜ？」と根拠を尋ねましょう。たとえば、次のように確認します。

> 例：「なぜ、真のグローバル化のためには、自国の文化と相手の文化に対する深い理解が必要なのですか？　相手を理解すれば十分なのではありませんか？」 　*好例*

　質問で理由の理由を聞き出したら、さらにその理由にも根拠が必要ではないかと考えましょう。たとえば、次のように確認します。

> 相手：「自国の文化を理解して初めて、他国の文化との差がはっきり分かるからです。自国と他国の根っこの差が分かれば、理解し合うためには何が必要かも分かるようになる」
>
> 自分：「そのような具体例は何かありませんか？」（根拠としてのデータを確認） 　*好例*

第2部　議論の技術

▶ **ポイント確認**
問題：

　以下は、産経新聞（2014年11月18日付）の主張「大学入試改革　『ゆとり』失敗繰り返すな」の一部です。この記事の主張と理由、データを整理しましょう。ただし、主張も理由も明記はされていません。この意見を聞いたときに、何を考えるべきでしょうか？

> 　答申案ではセンター試験に代わる新たな「学力評価テスト（仮称）」を設け、出題内容も複数教科を組み合わせた総合問題などで、知識の活用力を重視するよう提案した。各大学の2次試験も筆記試験だけでなく、高校時代の社会活動を評価するなど、選抜方法の工夫を求めている。
>
> 　こうした多様な尺度で意欲ある学生を選抜しようという入試は、米国を参考にしたものだろう。しかし、米国の大学教育は、勉強しなくては授業についていけない厳しい教育内容が伴っている。
>
> 　日本は、受験勉強はしても、入学後に勉強しなくてもすむ甘い大学教育が改善されていない。中教審の資料でも、授業の予習などに充てる時間が1週間当たり11時間以上の学生は米国で約6割を占めるのに、日本はわずか約15％にすぎない実態が紹介されている。

解答:

主張
　「学力評価テスト(仮称)」は、検討が不十分である。
理由
　日本の甘い大学教育では機能し得ないから。同様のテストが米国で機能しているのは、米国の大学教育は、勉強しなくては授業についていけない厳しい教育内容が伴っているから。しかし、日本では、受験勉強はしても、入学後に勉強しなくてもすむ甘い大学教育が改善されていない。
データ
　授業の予習などに充てる時間が1週間当たり11時間以上の学生は米国で約6割を占めるのに、日本はわずか約15%にすぎない。
考えるべきこと
　理由に根拠はあるか？　つまり、なぜ、「学力評価テスト(仮称)」は、甘い大学教育では機能しないのか？

解説:

　理由を明示すると、その理由に根拠が必要かどうかの判断がしやすくなります。記事では理由を明確に述べていないため、「なぜ、甘い大学教育では機能しないのか？」を考慮すべきという考えが生まれにくくなります。
　理由を明示すると、データが妥当かどうかの判断もしやすくなります。このデータは不十分です。厳しい教育内容のデータではなく、厳しい教育内容が伴っているからこそ機能しているという事例が必要です。

2.3 反論を意識して聞く

▶ ポイント

相手が原案や主張型反論を述べたなら、次の2点に集中して聞き取りましょう。
- リンクの弱いところはないか
- メリットやデメリットはどのくらい大きいか

一方、相手が論証型反論を述べたなら、次の2点に集中して聞き取りましょう。
- リンクが弱いと主張する根拠は何か
- 根拠を否定する根拠は何か

▶ リンクの弱いところはないか

相手が原案や主張型反論を述べたなら、リンクの強弱を注意して聞きましょう。原案や主張型反論で述べる、メリットやデメリットは、複数の主張のリンクで構成されています。このリンクの強弱がその後の論点となります。

たとえば、次に示す「アメーバ経営を導入すべき」というテーマで「会社全体の利益が大きく向上する」というメリットの説明を考えましょう。

> 「アメーバ経営を導入すると、各アメーバが独立採算で時間当たりの採算を競うことになります。そのためアメーバのメンバーに、経営者意識や参加意識が高まります。メンバーの意識が高まれば、メンバーは積極的に業務に対して工夫を凝らすようになります。現場のメン

> バーが工夫すれば、施策がより現場に合った内容になります。施策の質が上がれば、会社全体の利益が大きく向上します」

　この説明は、以下のような複数の主張のリンクとして表現できます（「主張は、理由のリンクで構成される」46ページ参照）。
- アメーバ経営を導入すると、各アメーバが時間当たりの採算を競う
- 各アメーバが時間当たりの採算を競うと、経営者意識や参加意識が高まる
- 経営者意識や参加意識が高まると、積極的に業務に対して工夫を凝らす
- 積極的に業務に対して工夫を凝らすと、施策がより現場に合った内容になる
- 施策がより現場に合った内容になると、会社全体の利益が大きく向上する

　そこで、このリンクの中から弱い部分はないかを注意深く聞きます。たとえば、「アメーバ経営を導入すると、各アメーバが時間当たりの採算を競う」というリンクは強そうです。そもそも、各アメーバが時間当たりの採算を競うのがアメーバ経営なのですから。しかし、「施策がより現場に合った内容になると、会社全体の利益が大きく向上する」は、疑う余地がありそうです。各アメーバに最適化した施策は、会社全体にとって最適とは限らないからです。このような、リンクの弱い部分を聞き取っていくのです。

リンクの弱い部分を聞き取ったら、その部分を反論の論点にします。たとえば、次のように述べましょう。

> 例：「施策がより現場に合った内容になったからといって、会社全体の利益が大きく向上するわけではありません。なぜなら、各アメーバにとって最適な施策は、会社から見れば、部分最適化にすぎないからです。全体最適化の施策ではありません。会社全体の利益を阻害しても、アメーバにとって最適な施策であればよいという考え方になりかねません」

▶ メリットやデメリットはどのくらい大きいか

相手が原案や主張型反論を述べたなら、メリットやデメリットの大きさも注意深く聞きましょう。その上で、メリットやデメリットの大きさを論証型反論で深めましょう。

相手が、メリットやデメリットを述べたなら、「どのくらい？」と考えて聞きましょう。先の例なら、相手が「会社全体の利益が大きく向上します」と述べたのですから、続けて「どのくらい」を述べるはずです（下例参照）。この「どのくらい」を聞かなければなりません。

> 例：「会社全体の利益が大きく向上します。実際、アメーバ経営を実践した京セラは、グループ全体で売上高1兆2000億円へと成長しました」

メリットやデメリットの大きさを聞き取ったら、その部分を反論の論点にします。たとえば、次のように述べましょう。

> 例：「京セラグループが、売上高 1兆2000億円へと成長したことは、アメーバ経営を導入すると会社全体の利益が大きく向上するという主張の根拠になりません。なぜなら、京セラの成功がアメーバ経営によるものかどうかが分からないからです。少なくとも、アメーバ経営導入前後で売り上げが伸びたこと、それも業界の平均よりも顕著に伸びたことを示すデータは必要です」

▶リンクが弱いと主張する根拠は何か

相手が「リンクが弱い」と論証型反論をしてきたら、その根拠を注意深く聞きましょう。その上で、その根拠を論証型反論で掘り下げましょう。

相手が、「リンクが弱い」と述べたら、「なぜ？」と考えながら聞きましょう。つまり、「リンクが弱い」根拠を聞き取ることに集中するのです。前の例なら、「施策がより現場に合った内容になると、会社全体の利益が大きく向上する」というリンクが弱いと述べていますから、続いて「なぜ？」（根拠）を述べるはずです。そこで、その「なぜ？」である「各アメーバにとって最適な施策は、会社から見れば、部分最適化にすぎないから」という根拠をしっかり聞き取らなければなりません。

その根拠を論証型反論で反論することで、論点を深めていくのです。たとえば、次のように述べましょう。

> 例:「各アメーバにとって最適な施策は、会社から見れば、全体最適化になります。なぜなら、全体最適化になるように、アメーバの分割をするからです。アメーバは、いい加減に分けた小集団ではありません。アメーバという部品が組み合わさって会社という大きな機械が動くように構成しているのです。各部品の性能が高ければ、必然的に機械は高性能になります」

▶ 根拠を否定する根拠は何か

あとは、論証型反論を「なぜ?」と考えて聞くことの繰り返しです。議論が深まれば論証型反論の繰り返しになります。論証型反論では、相手の根拠を否定し、根拠を述べます。このとき「なぜ?」と考えて聞くのです。たとえば、先の例で言えば、「各アメーバにとって最適な施策は、会社から見れば、部分最適化にすぎないから」という根拠を、「全体最適化になるように、アメーバの分割をするから」という根拠で否定しています。ですから、続いて「なぜ?」を述べるはずです(下例参照)。この「なぜ?」を聞き取らなければなりません。

> 例:「全体最適化になるように、アメーバを分割することはできません。なぜなら……」

▶ ポイント確認

問題:

以下の議論において、次はB氏が意見を述べる番です。このとき、A氏が最も注意深く聞かなければならないポイントは何でしょう。

> A氏:「成果に応じた報酬で社員のモチベーションを高めるために、成果主義型の人事制度を導入すべきです」
>
> B氏:「数値化しにくい成果を公平に評価するのは無理なので、成果に応じた報酬も不可能です。したがって、社員のモチベーションは上がらないので、成果主義は導入する必要はありません」
>
> A氏:「数値化しにくい成果でも、公平な評価は可能です。上司だけではなく、同僚や部下、後輩など、職場全員で評価をすれば公平になるはずです。いわゆる360度評価です」
>
> B氏:(A氏は何に注意して聞くべきか?)

解答:

A氏は、B氏が正しく論証型反論をするかどうかを聞き取らなければなりません。B氏が論証型反論をするなら、B氏は、「360度評価では公平な評価ができない」と述べるはずです。さらにその根拠も述べるはずです。A氏は、B氏が「360度評価では公平な評価ができない」ことを、根拠を持って述べるかどうかを注意深く聞かなければなりません。

3 質問の技術

> **この章のPOINT**
>
> 論点を深めるには、必要な情報を相手から引き出すことも重要です。まず、相手の原案や反論で分からないことがあれば、必ず確認しましょう。次に、論点を深めるためには、相手の根拠を攻める質問が重要です。質問は、不利な状況から逃げるためにも使えます。

3.1 確認する

▶ ポイント

議論を始めるには、分からないことは質問で確認しなければなりません。意味が分からない、主張が分からないなら質問をしましょう。また、論点や結論を確認するための質問も必要です。

▶ **不明点を確認する**

分からないことは、その意味を確認する質問をしましょう（下例参照）。述べていることが分からないのは、説明をしている側の責任です。分からないままにしておくと、議論がかみ合わなくなったり、大きな後戻りを余儀なくされたりします。とくに注意したいのは言葉の定義です。あいまいな言葉、具体性のない説明は、分かるまで質問すべきです。

> 例：「ここでいう『サポート』とは、具体的にどのような作業を含みますか？」

▶ 主張を確認する

　データを述べただけで主張を暗示している場合は、主張を確認する質問をしましょう。多くの人が、データを示しただけで主張したつもりになっています。相手の主張を推測してはいけません。推測すると、「そんなことは言っていません」と言われるのがおちです。

　たとえば、「主張を聞き分ける（データは主張ではない）」（136ページ参照）で紹介した例なら、次のように主張を確認しましょう。

> 主張：「日本の教員の多忙さは、経済協力開発機構（OECD）の国際調査で明らかになったばかりだ。1週間の勤務時間が参加国・地域で最長だった。そもそも小学校の1学級当たりの児童数は、日本が28人で、OECD平均の21人よりかなり多い」
>
> 質問：「恐れ入りますが、教員の勤務時間の長さや1学級当たりの児童数の多さを示すデータでおっしゃりたいのは、『教員が多忙だと教育の質が下がる』ということですか？　あるいは、おっしゃりたいのは『教員が一層多忙になる』という別のデメリットですか？」

▶ 論点を確認する

　議論を始める前に、必要なら論点を確認する質問をしましょう。ほとんどの場合、議論の相手は、議論の基本もル

ールも知りません。議論を知らない人は、自分が不利になると、ルールを無視して、無意識に論点をずらしたり、新しい論点を後から出したりします。論点がずれないよう、質問で相手に釘を刺しておくのです。

たとえば、「新しい論点を後から出さない」の失敗例（67ページ参照）で、FISは次のように論点を確認しておけばよかったのです。

> 例：「自然公園法などの規制が問題なのですね？ これさえ回避できれば問題ないのですね？」

▶ 結論を確認する

論点ごとに結論を確認しましょう。結論を確認してから、次の論点に移ります。繰り返しになりますが、議論を知らない人は、自分が不利になると、無意識に論点をずらします。結論をあいまいにしたまま次の論点に移ると、後でトラブルのもとになります。

たとえば、先のFISとNAOCの議論では、次のように進めれば、議論は論理的に流れます。

> 例：「それでは、スタート地点を第一種特別地域から外すことで自然公園法などの規制はクリアということでよろしいですか？ では次に、レースコースが国立公園第一種特別地域を横切ってしまうことについて対応策を考えましょう」

▶ ポイント確認

問題：

次の意見に対して、効果的な質問を考えましょう。

> 私たちの国はいま「滅びる」方向に向かっている。
> 国が滅びることまでは望んでいないが、国民資源を個人資産に付け替えることに夢中な人たちが国政の決定機構に蟠踞(ばんきょ)している以上、彼らがこのまま国を支配し続ける以上、この先わが国が「栄える」可能性はない。
> 多くの国民がそれを拱手傍観しているのは、彼らもまた無意識のうちに「こんな国、一度滅びてしまえばいい」と思っているからである。
>
> （ブログ「内田樹の研究室」から「2015年の年頭予言」）

解答：

「国民資源を個人資産に付け替えること」とはどういう意味ですか？

解説：

まず、分からないことを質問しましょう。次のような質問はその後です。

- そういう人たちが国政の決定機構に蟠踞し、国を支配し続けると、なぜ、わが国が栄える可能性はないのか？
- なぜ、「それを拱手傍観している」と言えるのか？
- なぜ、国民が「こんな国、一度滅びてしまえばいい」と思っていると言えるのか？

3.2 攻める

▶ ポイント

論理的な議論において、論点を深めるためには、相手の根拠を攻めなければなりません。攻めどころは、根拠がない、あるいは不十分な主張です。あるいは、主張と主張のリンクです。このとき、クローズド・クエスチョンで議論を誘導すると効果的です。

▶ 根拠がないことを攻める

相手の主張が根拠を伴っていないなら、根拠がないことを質問で攻めましょう。議論を知らない人は、根拠も述べずに主張します（35〜36ページ参照）。相手の主張だけを聞いて、根拠も聞かずに反論を始めれば、主張型反論になるので、議論は堂々巡りになります。まず、相手の主張の根拠を確認しましょう。根拠を聞くまでは、反論を述べるべきではありません。

たとえば、以下の議論では、C氏のような質問が必要です。B氏のように、根拠も聞かずに反論を始めてはいけません。

> A氏：「目先の利益より、X社と良好な関係を維持することを優先すべきでしょう」
>
> B氏：「しかし、今回のビジネスでは、すでに経費を2億円以上投入しているのです。ここである程度の回

> 収をしておかないと、今後の資金繰りに窮します。
> 第一、トップが納得するはずもありません」
>
> C氏：「ちょっと待ってください。なぜ、今の利益より
> 　　　Ｘ社との良好な関係を維持すべきなのですか？
> 　　　今後にどのようなビジネスが、どのくらいの確度
> 　　　で期待できるのですか？」

▶ 根拠の不十分さを攻める

　相手の主張が根拠を伴っていても、その根拠が不十分なら、その不十分さを質問で攻めましょう。つまり、論証型反論をするときも、質問の形で反論するのです。質問の形をしていると、相手は回答しなければならないという気持ちが働きます。その結果、相手の回答を論証型反論に誘導しやすくなるので、議論が深まります。

　たとえば、相手の主張に根拠としてのデータが不足していると感じる場合は、次のように質問しましょう。

> 例：「離職率が低いから、中国よりベトナムのほうが進
> 　　 出に適していると説明されましたが、なぜ、ベトナ
> 　　 ム人は中国人より離職率が低いと言いきれるのです
> 　　 か？　仮に低いとして、有意な差があるのですか？
> 　　 そのようなことを示す、調査データをお持ちです
> 　　 か？　あるいは、調査の上、そのデータを〇〇まで
> 　　 に示していただけますか？」

▶ リンクが弱いことを攻める

相手の説明のリンクが飛んでいる場合は、その飛んでいるリンクを質問で攻めましょう。相手が、メリットやデメリットを説明するとき、その説明は理由のリンクで構成されます。しかし、このリンクが飛びやすいのです（50ページの「家庭ゴミの収集を有料化すべきである」の例を参照）。リンクが飛んでいたのでは、そのメリットやデメリットが本当に生じるのか怪しくなります。そこで、リンクが飛んでいる場合は、質問を使って、そのリンクをつなぐよう相手に促すのです。

たとえば、「家庭ゴミの収集を有料化すべきである」の例では、次のように飛んでいるリンクを質問すればよいのです。

> A氏：「家庭ゴミの収集を有料化すべきです。ゴミを出すのにお金がかかるなら、各家庭はゴミをなるべく出さなくなります。ゴミが減れば、焼却炉の増設を抑えられ、ゴミの最終処分場の確保も容易になります。その結果、自治体、ひいては住民の負担が減ります」
>
> B氏：「ゴミを出すのにお金がかかると、なぜ、ゴミをなるべく出さなくなるのですか？ ゴミはゴミです。出したくないかどうかにかかわらず、出さざるを得ません。ゴミを家の中に溜め込んだり、庭に埋めたりすることはできません」

（好例）

▶ クローズド・クエスチョンで議論を導く

ここまで紹介した「確認する質問」も、「攻める質問」も、主に相手に説明を求める質問でした。この形の質問は、オープン・クエスチョンと呼ばれます。これに対して、選択肢から回答を選ばせるクローズド・クエスチョンという質問法があります。クローズド・クエスチョンは、相手の答えを誘導し、議論を有利に導くのに効果的です。

オープン・クエスチョンとは、「〜についてどう思いますか？」のように広く意見を聞く質問です（下例参照）。質問に対して期待する回答がなく、議論の取っ掛かりや攻めの糸口を見つけたい場合に効果的です。オープン・クエスチョンは、自由な発想で会話が広がります。しかし、会話がどの方向に進むか予測できないので、議論をコントロールしにくくなります。また、話が複雑化してしまい、その結果、論点がずれやすくもなります。

> 例：「生産拠点を中国からベトナムに移す計画についてどう思いますか？」

クローズド・クエスチョンとは、「〜については、AですかBですか？」のように選択肢を選んでもらう質問です（次ページの例参照）。質問に対して期待する回答があり、その回答を引き出して攻める場合に効果的です。クローズド・クエスチョンは、話を特定できるので、会話をコントロールしやすくなります。しかし、ときとして威圧的な印象を与え、会話が進まなくなることもあります。

> 例:「中国では、食品の安全性にかかわる問題が頻繁に起こっていますね?」

　クローズド・クエスチョンは、議論のイニシアティブを取るのに効果的です。この質問は、選択肢から答えを選んでもらう形式を取りますが、ある選択肢しか選べないように尋ねるのです。相手にその選択肢を選ばせ、認めさせることで議論がしやすくなります。たとえるなら、外堀を埋めてから、中心を攻めるような議論です。

　たとえば、上記の例なら、「いいえ」とは答えられないことを質問するのです。つまり、「中国では、食品の安全性にかかわる問題が頻繁に起こっている」ことは、周知の事実のときに使います。相手に、中国の問題を認めさせておけば、たとえば「生産拠点を中国からベトナムに移す」という議論はしやすくなります。

▶ クローズド・クエスチョンで誘導尋問する

　クローズド・クエスチョンを極めると、誘導尋問によって、議論を自分有利に導けます。誘導尋問は、Win-Loseのための手法なので、論理的な議論では、本来使うべき手法ではありません。しかし、ここでは、クローズド・クエスチョンの効果を示すために、少しだけ紹介します。

　誘導尋問するには、クローズド・クエスチョンを使って、ステップ・バイ・ステップに連続で質問していきます。いきなり、核心を質問してはいけません。このときのクローズ

ド・クエスチョンはすべて、「はい」か「いいえ」を問う形で発します。それも、「はい」としか答えようがないように構成します。連続した質問の最後で、「はい」とも「いいえ」とも答えられないように質問をして、とどめを刺します。

たとえば、ある政治家が、不適切な方法で集めたお金を政治献金として受けていたニュースを例にとって考えてみましょう。その政治家の事務所は、この献金について次のようなコメントを発表しています。

> 政治家として育てたいと応援してもらった。どのように資金を集めていたのか全く知らない。知っていれば初めからもらわない。職務に関して頼まれ事は一度もない。きちんとした扱いの献金であり、返却することはない。
>
> (毎日新聞2009年6月24日付)

このとき、オープン・クエスチョンで次のように問い詰めても、簡単に逃げられてしまいます。自由に答えられるので、自分に都合のよいことだけを話せばよいからです。

> 問:「職務に関して頼まれ事がないとは言え、不適切な政治献金を、なぜ返却しないのですか?」
>
> 答:「手続きそのものはきちんとしています。何かを頼まれたわけでもありませんし、何か便宜を図ったわけでもありません。問題はないのですから、返却する必要はないと考えます」

しかし、クローズド・クエスチョンの連続で、次のように問い詰めれば、答えに困ったかもしれません。

> 問：「知っていれば初めからもらわないのですね」
> 答：「はい」（「はい」としか答えられません。本人がそう言っているのですから）
> 問：「もらわないのは資金集めの方法が不適切だからですね」
> 答：「はい」（これも、「はい」としか答えられません。他の理由を説明できません）
> 問：「資金集めの方法を事前に知っていようといまいと、不適切なお金は、不適切ですよね」
> 答：「はい」（これも、「はい」としか答えられません）
> 問：「つまり、事前に知っているかどうかは無関係なのに、その無関係なことを根拠に、汚いお金でも受け取るということですね」
> 答：「…………」

しかし、誘導尋問は、論理的な議論では使ってはいけない手法です。なぜなら、誘導尋問には誤った二分法や藁人形攻撃と呼ばれる詭弁が入り込むからです。誤った二分法は、他の選択肢があるのに、二者択一の質問をすることで、他の選択肢を消してしまう詭弁です。藁人形攻撃とは、反論しやすいように、故意に歪めて表現する詭弁です。たとえば、先の誘導尋問の例では、「不適切なお金」が、途中から「汚いお金」に言い換えられています。

▶ ポイント確認
問題:

次のような主張に対して、効果的なオープン・クエスチョンを考えましょう。さらに、そのオープン・クエスチョンの前にしておくと効果的なクローズド・クエスチョンを考えましょう。

> 「成果主義を強化しても、おっしゃるほど優秀な人材を確保できません。なぜなら無能な上司のためです。部下を評価する立場の管理職は、従来の年功序列でその地位に就いたに過ぎません。成果をろくに出してもいない管理職に、成果で部下を管理させようとしていること自体に無理があるのです」

解答:

オープン・クエスチョン
- なぜ、成果を出していない管理職は、成果で部下を管理できないのですか？

クローズド・クエスチョン
- スポーツの世界ではよく、「名プレーヤ、必ずしも名監督にあらず」と言いますね？
- これは、プレーすることと監督することが別の仕事だからですよね？
- 同様に、担当として成果を出すことと、上司として正しく評価することは別の仕事ですよね？

3.3 逃げる

▶ ポイント

論理的な議論においては反則技にはなりますが、質問はまずい状況から逃げるときにも有効です。言葉の定義や当たり前のことを質問すると、論点がずれるので不利な状況から逃げられます。ただし、相手が議論に卓越していれば、反則技で逃げたことがばれますので、逆に状況を悪化させかねません。

▶ 言葉の定義を質問して逃げる

議論が不利な状況のときは、言葉の定義を問うと、論点がそれるので逃げられます。言葉の定義でなくても、定義に関連したようなことを質問しても同様の効果が得られます。人は、質問されると、答えたくなるのです。しかも、その質問が適切な質問かどうかの検証を怠りがちです。相手が不適切な質問に答えてくれると、論点がずれるので、不利な状況から脱せられます。

たとえば、次の議論では、B氏がこの手法によって論点をそらしています。

> A氏：「辞めさせたい社員を集めて隔離し、精神的に追い詰め、自主的に退職させる行為は、配転命令権の濫用にあたって違法です。当社はそのような行為をすべきではありません。企業としての社会的責任が果たせません」

> B氏：「君の言う社会的責任とは何かね？　社会的責任は、企業の存続より重要なのか？」 （好例）

この質問への対応策は、次のように、論点のずれた質問だと指摘することです。

> A氏：「今議論すべきは、社会的責任とは何かではありません。議論すべきは、当社がやろうとしている、社員を自主退職に追い込む行為が違法かどうかです。違法でないと主張されるのであれば、その根拠を述べてください」 （好例）

さらに、次のように指摘すると、B氏は窮地に追い込まれます。

> A氏：「違法かどうかを議論する前に、社会的責任とは何かを明らかにする必要があるなら、その必要性を説明してください。その説明ができないなら、枝葉末節な言葉じりをとらえて、議論を混乱させようとしていると判断せざるを得ません」 （好例）

▶ 当たり前のことを質問して逃げる

議論が不利な状況のときは、当たり前のことを質問すると、論点がそれるので逃げられます。当たり前のことを質問されると、反論はできません。反論ができなければ、論点は深まりません。しかし、深めるべき論点は、その当たり前の質問にあるのではありません。論点がずれるので、不利な状況から逃げられます。

たとえば、次の議論では、B氏がこの手法によって論点をそらしています。

> A氏：「この事業は、昨年度に大幅な赤字を計上しています。早急にV字回復の道筋をつけねばなりません。あなたには、V字回復の責任を取る覚悟がおありですか？」
>
> B氏：「今、我々が議論すべきは、誰が責任を取るかではありません。どうやってV字回復の道筋をつけるかではありませんか？」

この質問への対応策は、次のように、論点のずれた質問だと指摘することです。

> A氏：「もちろん大事なのは、どうやってV字回復の道筋をつけるかです。そんなことは当たり前です。問題なのは、そのV字回復のための施策を決める責任者であるあなたには、自分の施策に対して、失敗したら責任を取るだけの勝算があるかどうかです」

さらに、先と同様に、次のように指摘すると、B氏は窮地に追い込まれます。

> A氏：「あなたは当たり前のことを述べることで、私の質問に答えていません。経営責任の所在をうやむやにしようとしているのではありませんか？」

▶ 根拠を質問して逃げる

 議論が不利な状況のときは、根拠を質問すると、相手が立証責任を負ってくれるので逃げられます。「なぜですか？」と質問すれば、ほとんどの人は、なぜかを答えてくれます。つまり、相手が立証してくれるのです。立証しなければならないのは自分かどうかを考える人はいません。立証責任は重いので、その責任から逃れるだけで議論は有利に進みます。

 たとえば、次の議論では、B氏がこの手法によって立証責任を相手に押しつけています。

> A氏：「(ボーナス査定で) KさんはAランクでお願いします。彼女は、X社とのビジネスで中心的な役割を果たしました。X社の満足度は高く、今期の売り上げに貢献しただけではなく、来期以降の売り上げもすでに確定しています。昨年、同様の実績を上げたS君も、そのときはAランクでした」
>
> B氏：「うーん。Aランクは、彼女には時期尚早ではないかなあ。Bランクでどうだい？」

 この質問への対応策は、次のように、立証責任を本来負うべき相手に押し返すことです。

> A氏:「なぜ、同様の実績で、S君はAランクで、Kさんはβランクなのですか？」

▶ 同じことを質問して逃げる

　議論が不利な状況で質問を受けたときは、その質問をオウム返しすると、相手が立証責任を負ってくれるので逃げられます。これまでの説明と同様、質問されるとどうしても答えたくなります。立証しなければならないのは自分かどうかを考える人はいません。

　たとえば、次の議論では、B氏がこの手法によって立証責任を相手に押しつけています。

> A氏:「なぜ、同様の実績で、S君はAランクで、KさんはBランクなのですか？」
>
> B氏:「なぜ、私がKさんはBランクと判断していると思う？」

　この質問への対応策は、次のように、立証責任を本来負うべき相手に押し返すことです。

> A氏:「私は、KさんをAランクにすべき根拠を述べたのです。KさんがBランク相当とおっしゃるなら、その根拠はあなたが説明すべきです」

▶ ポイント確認

問題：

以下の議論で、A氏の「逃げる」質問を考えましょう。

> A氏：「成果主義を強化しても、おっしゃるほど優秀な人材を確保できません。なぜなら無能な上司のためです。部下を評価する立場の管理職は、従来の年功序列でその地位に就いたに過ぎません。成果をろくに出してもいない管理職に、成果で部下を管理させるのは無理があります」
>
> B氏：「年功序列で管理職になったとしても、成果で部下を管理できます。なぜなら、担当として成果を出すことと、上司として正しく評価することは別の仕事だからです。スポーツの世界も、『名プレーヤ、必ずしも名監督にあらず』というではありませんか」

解答：

正しい評価ができる管理職と名監督は同じですか？ 名監督とは、名采配ができる人ではありませんか？

解説：

上記の質問は、実質、名監督の定義を質問しています。しかし、ここでの論点は、「担当として成果を出すことと、上司として正しく評価することは別」かどうかですので、名監督の定義を議論する意味はありません。

4 検証の技術

この章のPOINT

論点を深めるには、相手の原案や反論の根拠となっている理由やデータを検証する力が必要です。まず、根拠が根拠になっていない場合すらありますので気をつけなければいけません。また、根拠となっているデータからその主張が成立するかどうかを確認しましょう。さらに、データそのものが正しく収集されているかどうかを確認することも必要です。

4.1 何を検証するのか

▶ ポイント

まず検証しなければならないのは、根拠が根拠になっているかどうかです。根拠のように述べておきながら、じつは主張と対応していないことはよくあることです。

▶ 主張の根拠（理由とデータ）を検証する

議論が反論の応酬に移れば、検証すべきは、主張が根拠である理由やデータで裏付けられているかどうかです。議論が進めば、反論は論証型反論の応酬になるのです（「原案を、論証型反論の応酬で深める」96ページ参照）。つまり、「あなたの述べている根拠では、その主張は成立しない」ことを述べることになります。したがって、相手の述べた根拠、つまり理由またはデータを検証することになります。

4 検証の技術

▶ 主張と理由は合っているか？

まず、理由が根拠になっているかどうかを検証しなければなりません。理由が根拠になっていないのは、リンクが飛んでいる場合と、主張をねじ曲げている場合があります。

リンクが飛んでいるとは、説明のステップが飛んでいる状態です。主張と理由がつながっていないのに、理由が述べられると、聞き手は何となく納得してしまうのです。たとえば、以下のような説明です。

> 例:「お客さん。この炊飯器ね、とってもおいしく炊けるんですよ。石窯を使っていますからね」

主張をねじ曲げているとは、表面的な主張とは別に、本当の主張が暗示されている状態です。表面的な主張と理由は合っているので、何となく納得できます。しかし、本当に言いたい暗示された主張と理由とは合っていないのです。

このケースはちょっと難しいので、以下の意見を例にとって説明しましょう。

> 例:「漢字の制限は行き過ぎるべきではありません。今回の文部科学省の指針によれば、『又は』『即ち』なども、ひらがなで書かねばならないとのことです。しかし、納得できません。日本語は、漢字を見て初めて意味が分かるのです。たとえば、『かんじ』には、漢字、感じ、幹事、監事などがあります。これ

> では漢字を見なければ意味は通じません」

　この意見における表面的な主張は、「漢字の制限は行き過ぎるべきではありません」です。この主張自体はきわめて当たり前で、反論の余地はありません。また、この主張に対して、「日本語は、漢字を見て初めて意味が分かる」は、これ以上ない立派な根拠です。主張と根拠は合っているので、何となく納得できてしまう意見です。

　しかし、この意見における本当の主張は、「今回の文部科学省の漢字制限に関する指針は行き過ぎている」です。発言者は、ここで今回の指針に反対しているのです。「漢字の制限は行き過ぎるべきではありません」は主張ではなく、ただの常識です。

　しかし、「今回の文部科学省の漢字制限に関する指針は行き過ぎている」ことの根拠は述べられていません。単に、漢字制限の具体例を述べているだけです。根拠なら、指針が行き過ぎていることを説明しなければなりません。「日本語は、漢字を見て初めて意味が分かる」のような当たり前のことは、指針が行き過ぎている根拠にはなりません。

▶ 主張とデータは合っているか？

　同様に、データが根拠になっているのかを検証しなければなりません。データが根拠になっていないのは、主張がデータで暗示されている場合に起こりやすくなります。

このケースもちょっと難しいので、以下の記事を例にとって説明しましょう。

> 例：もちろん、政治に対する国民の関心や信頼を高めるためには、政党・政治家の責任が大きいことは言うまでもない。有権者に線香セットを配り、公選法違反で書類送検された〇〇党の△△衆院議員が引責辞職するなど、政治家の不祥事は後を絶たない。
>
> (産経新聞2000年1月10日付「主張」を一部改変)

　この文章で、「政治に対する国民の関心や信頼を高めるためには、政党・政治家の責任が大きい」は主張ではありません。主張ではないことは、書き手自ら「言うまでもない」と述べていることからも分かります。「言うまでもない」ことは主張ではありません。

　この文章の主張は、「政治に対する国民の関心や信頼を失わせるような政党・政治家が多数いる」です。この主張なら、後に示されているデータは根拠になっています。くどくなるので、主張は暗示してしまったのでしょう。

　このように、主張が暗示されてしまうと、データが根拠にならないことが起きます。他にも、「主張、理由、データを聞き分ける」（136ページ参照）で紹介した、「教員の勤務時間の長さ」や「1学級当たりの児童数の多さ」を示すデータの例も同様です。

▶ ポイント確認

問題：

 以下は、読売新聞（2015年1月28日付）の社説「若者雇用法案　企業は職場情報の積極提供を」の一部分です。主張と根拠が対応しているかという視点から問題点を指摘し、どう説明すればよいかを考えましょう。

> 若者雇用法案　企業は職場情報の積極提供を
> （中略）
> 企業業績の回復基調を受け、若者の雇用情勢は改善しつつある。だが、就職しても3年以内に離職する新卒者が大卒で3割、高卒で4割に上る。不本意ながら非正規雇用となっている若者も多い。
> キャリア形成のスタート時点でつまずくと、その後に挽回するのは容易でない。

解答と解説：

 主張がねじ曲げられていますし、根拠もいい加減です。おそらく、書き手は以下のように述べたかったのではないでしょうか？　「企業業績の回復基調を受け、若者の雇用情勢は改善しつつある」は、不要な情報です。

> 「キャリア形成のスタート時点でつまずき、挽回に苦しんでいる若者が多い。就職しても3年以内に離職する新卒者が大卒で3割、高卒で4割にも上る。離職した後、不本意ながら非正規雇用となっている若者も多い」
> （これが根拠なら、多いことを示すデータが必要）

> ### コラム ▶ 使ってはいけない裏技（不当予断の問い）
>
> 　不当予断の問いとは、「はい」か「いいえ」で答えなければならないが、どちらで答えても、質問した側の前提を認めたことにされてしまう詭弁です。
> 　古典的な代表例が、"Have you stopped beating your wife?"（君は、もう奥さんを殴るのをやめたのか？）という質問です。この質問は、「はい」で答えようが「いいえ」で答えようが、「奥さんを殴っていた」ことを認めてしまうことになります。
> 　この不当予断の問いは、ビジネスの現場では、たとえば次のような質問として登場します。
>
> 　例：「君は、この馬鹿げたシステムが、本当に機能すると思っているのか？」
>
> 　不当予断の問いを受けたとき、どう答えたらよいでしょう？　「はい」と答えようが「いいえ」と答えようが、このシステムが馬鹿げていることを認めてしまうことになります。
> 　そこで、次のように答えようとするかもしれません。
>
> 　例：「このシステムは馬鹿げてなんかいません」
>
> 　これは、議論を知らない人のだめな回答です。なぜなら、こう答えたら、このシステムが馬鹿げていないことを立証しないといけないからです。
> 　正しくは、次のように、相手に立証させるのです。
>
> 　例：「あなたはなぜ、このシステムが馬鹿げているとお考えですか？」

4.2 理由を検証する

▶ ポイント

根拠を形成する理由とデータのうち、データが正しくても、間違った理由を考え出してしまうときがあります。理由が本当に正しいのか、以下の点から検証しましょう。

- 第3の因子はないか？
- 因果を取り違えていないか？
- 空間を考慮しているか？
- 時間を考慮しているか？
- 比較をしているか？
- 絶対値はあるか？
- 早まった一般化をしていないか？

▶ 第3の因子はないか？

相関関係があるからといって、因果関係があるとは限りません。つまり、2つの事象の相関関係がデータで明らかでも、一方の事象が、もう一方の事象の原因であるとは限りません。2つの事象に共通する第3の因子があると、因果関係のない2つの事象に相関関係が見えてしまいます。この相関関係を因果関係と早とちりしてはいけません。

たとえば、次の例を考えてみましょう。

> 例：「X転職支援会社の調査によると、年収が1000万円以上ある人は、朝早起きする傾向が強い。朝方のほうが、頭がよく働くのだろう」

この例では、第3の因子として年齢が考えられます。一般的には、年齢が高いほうが年収も高くなります。まして、年収が1000万円以上なら、年齢も高くなりがちです。一方で、年齢が高い人ほど、早起きの傾向があります。この傾向には、客観的で信用できる統計データがあります。因果関係があるのは、年齢と年収、年齢と起床時間です。すると、因果関係のない年収と起床時間に相関関係が見えてしまいます。

▶ 因果を取り違えていないか？

　2つの事象（AとB）間に相関関係が裏付けられ、第3の因子がない場合でも、AがBの原因とは限りません。BがAの原因の場合もあるのです。逆の可能性も検討しなければなりません。

　たとえば、次の例を考えてみましょう。

> 例：「テレビを近くで見る人ほど、視力が悪い傾向がある。テレビを近くで見ると近視になりやすい。テレビは離れて見るべきだ」

　この例では、因果が逆転している可能性があります。視力が悪いから近づいてテレビを見ている可能性もあります。このような因果の取り違えはよくあることです。次の例も、因果の取り違えです。

> 例：「高齢者を優遇している会社ほど業績がよい。高齢

> 者が、業績を押し上げる戦力になっているのだ」
> （業績がよいから高齢者を優遇できる？）

▶ 空間を考慮しているか？

あるグループ固有の特性は、他のグループでも起こっている事象の主原因にはできません。なぜなら、なぜ他のグループでも起きているのかという疑問に答えられないからです。空間を移動させ、他のグループについても考慮が必要です。

たとえば、次の例を考えてみましょう。

> 例：（フランス人女性の意見）「日本で、女性が子供を産もうとしないのは当然だ。夫は仕事優先で、子育てがあまりにも孤独でつらい。子連れで外出しても、手助けしてくれる人もいない」

この例では、日本における少子化の原因を、日本人の国民性としていますが、的外れな意見です。少子化は、日本に限らず、先進各国に共通の現象だからです。日本人の国民性は、主たる原因にはなりません。

▶ 時間を考慮しているか？

昔からあることを、最近の事象の主原因にはできません。なぜなら、その事象がなぜ昔起きなかったかという疑問に答えられないからです。時間を移動させ、他の時代についても考察が必要です。

たとえば、次の例を考えてみましょう。

> 例：「学級崩壊の原因は、クラスの人数が多すぎることだ。人数が多ければ、先生の目が行き届かない。だから子供たちは好き勝手な行動に出る」

この例では、学級崩壊の原因を、クラスの人数が多すぎることとしていますが、的外れな意見です。クラスの人数が多いのは、昔からであって、最近はむしろ少なくなる傾向だからです。しかし、学級崩壊は最近の現象です。クラスの人数が多いことは、主たる原因にはなりません。

▶ 比較をしているか？

データは、比較して初めて意味を持ちます。絶対値だけでは、そのデータから、よいか悪いかという相対評価はできません。したがって、比較がないなら、データ的には正しくても、何の主張も導き出せません。

たとえば、次の例を考えてみましょう。

> 例：「遺伝子組み換えをしたジャガイモは危険です。当社の実験では、100匹のラットに、遺伝子組み換えをしたジャガイモばかりを食べさせたところ、発育不良や奇形が20％も発生しました」

この例では、遺伝子組み換えをしたジャガイモの危険性を、発育不良や奇形が20％発生したことで裏付けようと

していますが、的外れな意見です。なぜなら、自然なジャガイモを食べさせたときに発生する発育不良や奇形の割合が分からないからです。2つのケースでの発生割合を比較して初めて、遺伝子組み換えをしたジャガイモの危険性を判断できるのです。そもそも、ジャガイモばかり食べさせれば、発育不良が多く生じてもしかたないとも考えられます。

▶ 絶対値はあるか？

同様に、データは、絶対値があって初めて意味を持ちます。比較だけでは、その規模が伝えきれません。したがって、絶対値がないなら、データ的には正しくても、何の主張も導き出せません。

たとえば、次の例を考えてみましょう。

> 例：「当社は、業績のV字回復を成し遂げました。一昨年の赤字から、昨年は黒字化、今年は利益率100%増を達成しています」

この例では、V字回復を成し遂げた根拠を、赤字、黒字、利益率100%増という比較だけで述べていますが、的外れな意見です。なぜなら、昨年は黒字が1円で、今年の利益が2円でも、利益率100%増だからです。しかし、この状態では、V字回復を成し遂げたとは言えません。

▶ 早まった一般化をしていないか？

わずかな例で、あたかも全体が同様であると判断（一般

化)してはいけません。一般化したければ、統計データのような、多くの例が必要です。しかし、つい都合のよい例や目立つ例を使って、一般化してしまいがちです。

たとえば、次の例を考えてみましょう。

> 例:「サマータイム制の導入には反対です。なぜなら、1時間早く起きることによって、生活のリズムが狂って体調が崩れ、健康を害するからです。その証拠が日経新聞に載っています。記事によると、『フランスではバルニエ環境相ら複数の閣僚が「夏時間は不要だ」と反対意見を表明し、論議を呼び起こしている。夏時間の導入は本来の目的である省エネルギーにあまり効果がなく、夏時間への移行期に体調を崩す子供も多い——というのが閣僚らの主張だ』とあります。このように、体調への影響が深刻です」

この例では、サマータイム制で、体調を崩すことを、フランスの例で裏付けようとしていますが、的外れな意見です。1つの例で一般化はできません。一般化できるなら、サマータイム制を導入している他の国は、なぜ、サマータイム制に反対しないのでしょう。新聞記事になるということは、その事件にニュース性があることを示しています。つまり、滅多にないことが起こっているからニュースとして取り上げられているのです。滅多にないことを根拠に一般化はできません。

第2部　議論の技術

▶ ポイント確認

問題：

　農林水産省のホームページでは、「朝ごはんで勉強・仕事の集中力アップ」というタイトルで、朝ごはんを取ることを推奨しています。「朝食をきちんと食べる習慣のある学生ほど、テストの正答率が高いそんな傾向があることをご存知ですか？　脳の唯一のエネルギー源はブドウ糖。めざましごはんでしっかりエネルギーをチャージして、仕事・勉強にがんばりましょう」と述べています。このホームページには、朝食をきちんと食べる習慣のある学生ほど、テストの正答率が高い傾向があるデータが示されています。

(http://www.maff.go.jp/j/seisan/kakou/mezamasi/about/databox.html)

　しかし、このデータが信用できるとしても、朝食をきちんと食べると学力がアップするとは言いきれません。なぜでしょう？

解答と解説：

　第3の因子として、朝食をきちんと食べる家庭環境が考えられるからです。朝食をきちんと食べるということは、親が、朝食をきちんと準備し、子供を早く起こしているということです。このようなきちんとした生活習慣を守る親は、そうではない親より、学力向上に関しても熱心な場合が多いのです。因果関係があるのは、家庭環境と朝食、家庭環境と学力です。すると、因果関係のない朝食と学力の間に相関関係が見えてしまうのです。

> コラム ▶ **相関関係は因果関係ではない**

相関関係は因果関係ではないとは、「他の情報を根拠とすれば、AはBの原因と証明できるかもしれない。しかし、ここで示されたAとBの相関関係だけでは、証明しきれていない」ということです。先の朝食と学力の例で言えば、「正しい調査をすれば、朝食をきちんと食べると学力が向上することを立証できるかもしれない。しかし、ここで示された『朝食をきちんと食べる習慣のある学生ほど、テストの正答率が高い』というデータだけでは、そのことを立証できていない」ということです。

実際、相関関係から因果関係を導くことは、科学の世界ではよくあることです。相関関係から因果関係を導くには、3つの条件が整わなければなりません。

1. ランダムに抽出したサンプルで相関関係がある
2. 第3の因子がない
3. 因果の逆転がない

相関関係から因果関係を導いた例として、山極勝三郎氏の人工癌実験を紹介しましょう。山極氏は、癌発生の一因がタールにあることを相関関係から導いています。山極氏は、同一の飼育環境にある多数のウサギをランダムに2グループに分け、一方にはハケでタールを、他方には別のハケで水を塗り続けました。その結果、タールを塗り続けたグループにのみ癌が発生することを確認しました。ランダムに抽出したサンプルで、ハケの刺激という第3の因子も排除した実験です。

4.3 データを検証する

▶ ポイント

根拠を形成する理由とデータのうち、データそのものが信用できない場合もあります。データを以下の点から検証しましょう。

- サンプルが最初から偏ってはいないか？
- サンプルの抜き取りが偏ってはいないか？
- サンプルはウソをついていないか？
- 質問者による影響はないか？

▶ サンプルが最初から偏ってはいないか？

全数調査の統計データでも、調査したサンプルすべてが、最初から偏っている場合があります。しかし、サンプルの抜き取りをしているわけではないので、偏りがあることに気がつきにくいのです。しかも、統計データなので、信用しがちです。統計データでも、そのサンプルが偏っていたのでは信用できません。

たとえば、次の例を考えてみましょう。

> 例：「当塾での学習で、学校での成績が向上することは、お子さんが実感しています。昨年1年間、当塾で勉強されたお子さんすべてにお聞きしたところ、80％のお子さんが、塾の勉強が学校の成績を上げるのに役立ったと答えています」

この例では、全員に対するアンケート結果ですが、サンプルに大きな偏りがあります。「昨年1年間、当塾で勉強されたお子さんすべて」がサンプルです。抜き取りしてはいませんが、1年たたずにやめてしまった子供は、サンプルには入っていません。1年たたずにやめてしまったのであれば、その子供のほとんどが、「塾の勉強は、役立たない」と答えるのではないでしょうか。

▶ サンプルの抜き取りが偏ってはいないか？

抜き取り調査の統計データでは、抜き取ったサンプルが偏っている場合があります。意図的に偏って抜き取りしているわけではなくても、抜き取り方によっては偏りが出ます。とくに、自分にとって都合のよいサンプルを無意識に抜き取りがちです。あるいは、目立つサンプルを抜き取りがちです。その結果、都合の悪いデータを無視したり、目立たないデータを見逃したりしがちです。

たとえば、次の例を考えてみましょう。

> 例：「世論調査によると、国民の45％が、今回の消費税増税法案可決を評価すると答えています。この世論調査では、コンピュータがランダムに選んだ電話番号をもとにオペレーターが電話をかけて調査しています」

この例では、抜き取りしたサンプルに偏りがあります。電話調査は、調査対象者に迷惑をかけないよう、日中にな

るはずです。早朝や夜の8時以降に調査することはないでしょう。となれば、会社勤めの人や学生は除外されやすくなります。また、固定電話を持っていない人（一人暮らしの若者）も除外されやすくなります。

▶ サンプルはウソをついていないか？

サンプルがランダムに抽出された統計データであっても、サンプルである人がウソをついている場合もあります。都合の悪いことに対してウソをついたり、都合のよい解釈をしたりします。あるいは、本人はウソをついている意識がなくても、真実ではないことを真実と思い込んでいることもあります。

たとえば、次の例を考えてみましょう。

> 例：「生活衛生局（架空の団体）の1万人を対象にした調査によると、日本人は平均、1日に2.5回歯を磨いています」

この例では、調査に答えた人は、ウソをついている可能性があります。日本人の成人なら、「歯磨きは、最低でも朝夜の2回、できれば毎食後」という認識を多くの人が持っているでしょう。このとき、「私は夜の1回だけ」とは答えにくいものです。そこで、1回しか磨かなくても、2回と答えてしまうのです。逆に、1日に2回磨いている人は、1回とは答えません。その結果、少し多めの回数となるわけです。

▶ 質問者による影響はないか？

　サンプルがランダムに抽出された統計データであっても、聞き取り調査では、調査者によって結果が変わります。答える側は、調査者の性別、年齢、人種、職位、信条などで答えを変えてしまうことがあるのです。調査者が望んでいる答えを答えたくなるのです。

　たとえば、次の例を考えてみましょう。

> 例：「パワハラ撲滅委員会（架空の団体）の聞き取り調査によると、サラリーマンの25％が、職場でパワハラを受けていると答えています」

　この例では、調査に答えた人は、調査者の信条に影響を受けた可能性があります。「パワハラ撲滅委員会」は、調査対象者がパワハラに困っている状況を求めています。すると、調査を受けた人は、調査者を失望させたくないので、わずかなパワハラでも申告しようとします。そのパワハラは、何もなければ数日で忘れ去ってしまう些細な場合もあるでしょう。その結果、少し多めの被害となるわけです。

　もし、この調査を「叱れる上司を尊ぶ会」（架空）が実施すれば、異なる結果になります。つまり、「パワハラ撲滅委員会」向けに考えたならパワハラとなる行為を、「叱れる上司を尊ぶ会」向けに考えて、愛の鞭と解釈してしまうのです。その結果、パワハラが少し少なめに申告されるわけです。

▶ ポイント確認

問題：

　以下は、読売新聞（2000年12月18日付）の記事の一部です。この記事に示されているデータは信用できません。その理由を考えましょう。

> 　大阪府内の中小企業の四社に一社が今冬のボーナスを支給しなかったことが、大阪市信用金庫（大阪市）が十七日までにまとめた取引先への調査で明らかになった。
> （中略）
> 　調査は十一月下旬に大阪府内の取引先千四百社を対象に行い、八百四十一社から有効回答を得た。支給しなかった企業は昨年並みの25.9％で、業種別では、小売業が46.9％、建設業が36.7％と際立って高く、以下は運輸・通信業の24.2％、サービス業の23.6％となっている。

解答：

　サンプルが最初から偏っています。有効回答率が約6割ですが、残りの4割はなぜ答えなかったのでしょう？調査元は、融資する側の銀行です。融資を続けてもらうために、「ボーナスは支給できません」とは言えずに、無回答だったのではないでしょうか？

　サンプルがウソをついている可能性もあります。上記と同じ理由から、ボーナスを支給できないのに、支給すると答えたとも考えられます。

コラム ▶使ってはいけない裏技(誤った二分法)

　誤った二分法は、他の選択肢があるのに、二者択一の質問をすることで、他の選択肢を消してしまう詭弁です。しかも、二者択一でありながら、多くの場合、一方の選択肢しか選べないよう、巧妙に選択肢を作る詭弁です。

　誤った二分法では、2つの選択肢のうち、発言者に都合のよい1つの選択肢しか選べないように構成します。そのために、もう1つの選択肢が極論になります。たとえば、次のような言い方です。

例:「消費税を増税するか、はたまた財政破綻か」

　しかし、冷静に考えてみれば、示された選択肢以外の選択肢もあるはずです。上記の例で言えば、消費税を増税しなくても、別の方法で財政破綻を免れる方法はあるはずです。別の方法が、示された2つの選択肢よりよいか、悪いかは検討の余地がありますが、少なくとも選択肢は2つではありません。

　この誤った二分法は、自分に都合のよい答えを導く以外にも使われることがあります。たとえば、2015年1月に、イスラム過激派によるフランスの新聞社襲撃事件が起きました。このときマスコミは、「表現の自由か、宗教への冒瀆か──。注目を浴びる今回の風刺画転載を巡り、フランスを含め世界のメディアの対応は分かれた」と報道しています。これも、誤った二分法による問題提起と言えます。

　「AかBか。どちらを選ぶのか?」と相手が迫ってきたら、誤った二分法を疑いましょう。

第2部 議論の技術

5 準備の技術

> **この章のPOINT**
>
> 行き当たりばったりの議論では、最適なソリューションは導けません。議論をする前に、メリットやデメリットなど洗い出し、相手の議論に対しては予防線を張っておきましょう。さらに、根拠となるデータを準備しておくことも重要です。このとき、先に学んだ伝達、傾聴、質問、検証の技術を意識すると効果的です。

5.1 メリット／デメリットを準備する

▶ ポイント

　議論が進むと、論点は最終的に、メリット／デメリットは生じるか、それは大きいのかに集約されます（「反論の応酬になれば、論点は2つになる」99ページ参照）。したがって、議論の前にまず準備しておくことは、どんなメリットやデメリットがあるかです。さらに、そのメリットやデメリットが生じることを、あるいは生じないことを、正しく立証できるかを考えておきます。原案を提示する側なら、デメリットへの予防線も考えておきましょう。

▶ メリットとデメリットをリンクマップで洗い出す

　まず、メリットとデメリットを洗い出しましょう。このとき役に立つのが、リンクマップという図です。リンクマップを使うと、メリットとデメリットを洗い出しやすくなるだけではなく、理由のリンクを検討できます。

リンクマップとは、ある施策を実施するとどうなるかを矢印で結んだ図です（下図参照）。施策を中心部に表記し、施策を実施すると何が起こるかを、ステップ・バイ・ステップに、線でつないでいきます。行き着いた先がメリットかデメリットになるようにします。このとき、メリットを図の上に、デメリットを図の下に配置すると、分かりやすくなります。

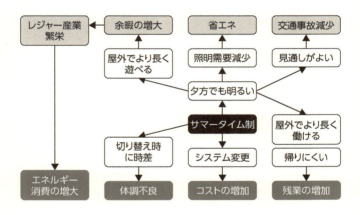

このリンクマップを作ることで、メリットとデメリットを洗い出します。整理しながら洗い出せるので、メリットやデメリットを漏れなくリストアップしやすくなります。また、メリットとデメリットの両方に目を向けるので、相手がどんなメリットやデメリットを出してくるのかを予想しやすくなります。さらに、相手が出しそうなメリットやデメリットの弱点（＝リンクの弱さ）も検討できます。

第2部　議論の技術

▶ メリット／デメリットは生じるかを検討する

　メリットやデメリットがリストアップできたら、リンクマップを見ながら、メリットやデメリットが本当に生じるのかを検討します。つまり、理由のリンクはしっかりつながっているのかを検討するのです。

　リンクマップにおいて線でつながれた各ステップは、ある1つの主張が小さな主張のリンクでできている様子を示しています。これは同時に、理由には理由が必要なのと同じです（「主張は、理由のリンクで構成される」46ページ参照）。たとえば、前ページのリンクマップの一部を取り出してみると、次のような主張のリンクが見えます。

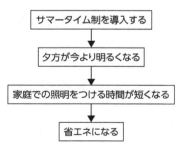

　メリットやデメリットを述べる場合は、このリンクをしっかりつなげることを考えます。このリンクがすべてしっかりつながっていて、初めてメリットやデメリットが成立します。そこで、このリンクをしっかりつなげるには、どのようなデータや具体例が必要かを、あらかじめ検討しておきます。たとえば、上記の例なら、夕方が今より明るい

と、照明をつける時間が短くなる家庭の具体例です。一人暮らしで帰宅が遅いのであれば、照明をつける時間が今より短くなりませんが、家族の誰かが、夕方から家にいるなら、照明をつける時間が短くなるはずです。

逆に、メリットやデメリットに対する論証型反論を考える場合は、リンクに弱いところはないかを考えます。たとえば上記の主張なら、次のような反論が可能です。

> 例：「サマータイム制を導入しても省エネにはなりません。なぜなら、夕方が今より明るくなったからと言って、家庭での照明をつける時間がトータルとして短くなるとは言いきれないからです。たしかに、夕方が今より明るくなれば、家庭で照明をつける時間は遅れるでしょう。しかし、同様に朝方が今より暗くなるのですから、朝方に家庭で照明をつける時間は長くなってしまいます。朝方と夕方で差し引きすれば、結局照明を使う時間は一緒です」

▶ メリット／デメリットは大きいかを検討する

メリットやデメリットが生じるのかだけでなく、大きいのかの検討も必要です。議論では、相手の述べたメリットやデメリットがまったく生じないということは滅多にありません。むしろ、どちらが大きいかの議論になります。そこで、リンクマップを見ながら、対策を考えておきます。具体的なデータは、後から用意します。たとえば、上記のサマータイム制導入の議論であれば、次のような検討です。

> 例:「サマータイム制を導入することで、システム変更によるコスト発生は避けられない。しかし、そのコストは1回限りにすぎない。一方、サマータイム制によって省エネになるなら、エネルギー消費が減る分コストカットにもなるはず。しかもそのコストは、サマータイム制が導入されている限り永遠に続く。システム変更によるコストは、省エネによるコストカットで補えるはず」

▶ **デメリットへの予防線を張っておく**

原案提示側は、反論側が出すであろうデメリットを予想し、対策もあらかじめ検討しておきましょう。議論では、原案提示側が施策を述べます。つまり、原案提示側だけは、反論側の述べるデメリットを予想した上で、あらかじめ施策に対応策を入れ込んでおけるのです。たとえば、上記のサマータイム制導入の議論であれば、次のような対策です。

> 例:「サマータイム制を導入するにあたっては、夏時間の切り替えを、昭和の日の前日深夜と体育の日の前日深夜に実施します。次の日が必ず休日となるので、適応しやすくなります」

▶ ポイント確認

問題：

「当社は成果主義を強化すべきである」というテーマでリンクマップを作ってみましょう。

解答：

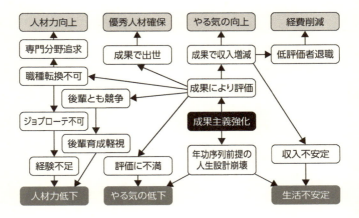

5.2 データを準備する

▶ **ポイント**

議論には、根拠、とくにデータが必要です。まず、メリット／デメリットが生じることを裏付けるデータを用意しておきましょう。さらに、メリット／デメリットの大きさを示すデータも必要です。もしデータが手に入らないなら、大まかでかまわないので推定しておきましょう。

▶ **根拠となるデータを準備する**

メリット／デメリットが生じることを説明するには、小さな主張を複数リンクしていきます。これは、理由には理由が必要なのと同じです(「主張は、理由のリンクで構成される」46ページ参照)。このとき、すべての小さな主張に、できるだけデータを準備します。

たとえば、「社内公用語を英語にすべきである」というテーマで紹介した次のメリットを考えてみましょう(「原案を説明する」112ページ参照)。

> 「1つ目のメリット、優秀な日本人の採用について説明します。英語を公用語にした場合、新卒採用時には、英語を真剣に勉強してきた人材だけが入社を希望します。英語ができる人材だけから選考できるのですから、英語という、学業成績や学生時代の諸活動より、ずっと実用的なビジネス能力で一次選考したのと同じです。入社希望者を合理的に一次選考できれば、後の選考に時間をか

けられます。時間をかけて人材評価をすれば、優秀な人材を見出しやすくなります」

　この説明は、次のような小さな主張のリンクとして表現できます。

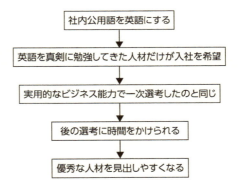

　そこで、すべてのリンクに対してデータ、あるいは具体例を準備します。たとえば、社内公用語を英語にすると、英語を真剣に勉強してきた人材だけが入社を希望することを証明するデータや具体例です。あるいは、英語を真剣に勉強してきた人材だけが入社を希望するということは、実用的なビジネス能力で一次選考したのと同じであることを証明するデータや具体例です。

　もちろん、すべてのリンクにデータが見つかるわけでも、必要なわけでもありません。データで補強する必要がないほどリンクが強いなら、データは不要です。たとえば、社内公用語を英語にすると、英語を真剣に勉強してき

た人材だけが入社を希望することは、証明するまでもないのでデータは不要でしょう。

しかし、やや頼りないデータや具体例でも、ないよりはあったほうが納得度は増します。たとえば、入社時に英語力の高い人ほど、その後ビジネスの現場で活躍していることを示すデータや具体例です。このデータがあれば、「実用的なビジネス能力で一次選考したのと同じこと」に対する納得度は高まります。あるいは、役員のTOEICの平均点が明らかに高いなら、そのデータも役立つかもしれません。

▶ 大きさを示すデータを準備する

データは、メリット／デメリットの大きさを示すにも必要です。最終的に議論は、メリットとデメリットのどちらが大きいかになります。その際、データも具体例もないなら、ただの印象論で終わります。少しでも具体的であれば、説得力も高まります。このデータも必ずしも手に入るとは限りませんが、メリット／デメリットの大きさを示すのに近いデータはないかと考えます。

データが手に入らなくても、メリット／デメリットの大きさを示すのに近いデータを考えるのです。たとえば、先の「社内公用語を英語にすべきである」の例なら、求めている英語力を身につけるのに、どのような勉強や経験が必要かを具体的に示します。そのデータにより、どれだけ優秀な人材かをある程度示せます。また、従来そのような人

材を、どの程度の比率で採用できていたかを示せれば、以前より何人多く採用できるのかを、ある程度示せます。

▶ ないデータは推定する

数値データが手に入らないなら推定しましょう。推定が正確である必要はありません。数値の桁が推定できれば十分です。

抽象的な説明より、推定による大雑把な値でも説得力が増します。たとえば、「コスト削減になる」ではなく、「10億円程度のコストが削減できます」のほうが、説得力があります。削減できるコストが、数万円なのか、数千万円なのか、数億円なのか、その程度でもよいのです。少しでも具体的になるよう推定しましょう。

その推定は、一般常識の範囲で論理的に計算すると、納得感が高まります（「コラム｜フェルミ推定」203ページ参照）。先の「社内公用語を英語にすべきである」の例なら、後の選考に時間をかけられることを示すデータは推測できます。まず、過去の応募者を、社内公用語が英語であっても問題としないと思われる語学レベルでふるいにかけたとき、どのくらいの数に応募者が減るかを推定します。次に、その減った応募者を従来どおりに選考した場合、どのくらいの時間が節約できるかを推定します。最後に、採用活動に従来どおりの時間を使うなら、その節約できた時間だけ、後の選考に多く時間をかけられると考えればよいのです。

第2部　議論の技術

▶ ポイント確認

問題：

「ピラミッド型組織からフラット型組織に変更すべきである」というテーマで紹介した次のメリット（「原案を説明する」112ページ参照）を説明するとき、どんなデータや具体例を準備しておくべきでしょうか。

> 「組織をフラットにすることで、事業部長までの伝達回数が5回から2回に減ります。伝達回数が減るのですから、情報が速く、正確に伝わります。速く正確な情報によって、事業部長のビジネス判断も速く、適切になります。結果として、顧客ニーズに対してフレキシブルな対応が取れるようになります」

解答：

- 情報がどのくらい速く、正確に伝わるようになるかを示すデータや具体例
- 事業部長のビジネス判断が速く、適切になりそうな具体例、あるいはこれまで遅く、不適切だった具体例
- 顧客ニーズに対してフレキシブルな対応が取れそうな具体例、あるいはこれまでフレキシブルな対応が取れなかった具体例

解説：

　事業部長までの伝達回数が5回から2回に減ることを示すデータは不要です。なぜなら、社内の組織構成は周知のはずだからです。

コラム ▶ **フェルミ推定**

　手に入らないデータを、既知のデータから論理的に概算する考え方は、この手の概算を得意としていた物理学者のエンリコ・フェルミにちなんでフェルミ推定と呼ばれます。
　たとえば、日本に郵便ポストは何本あるでしょう？
　次のような手順で考えれば、小学校で習う知識で概算できます。

1. 日本の国土は約38万平方キロメートル（小学校で習います）
2. 国土のうち、3分の2は森林（小学校で習います）
3. 平地にのみ郵便ポストがあると仮定（大雑把なイメージ）
4. 住宅地なら、10分歩けば郵便ポストがあると仮定（実感からの大雑把な推定）
5. 10分で歩けるのは、800メートル（大人であれば不動産広告などから知っている人の多いデータ）
6. 4と5から0.8キロメートル四方の領域ごとに1本の郵便ポストがあると仮定
7. 1、2、3、6より、以下の計算から、約19.8万本と求められる

$$380000 \times \frac{1}{3} \div (0.8 \times 0.8) = 約19.8万$$

日本郵政グループによると、実際に日本にある郵便ポストの数は約19万本です。

5.3 4つの技術を考慮して準備する

▶ **ポイント**

準備では、先に紹介した4つの技術を意識しておくと効果的です。
- 伝達の技術
- 傾聴の技術
- 質問の技術
- 検証の技術

▶ **伝達の技術を意識する**

原案提示側も反論側も、伝達の技術を意識して、説明の準備をしておきましょう。

原案提示側が準備すべきは、原案だけではなく、反論側が述べるであろうデメリットに対する論証型反論です。まず、原案が問題解決型か、施策提案型かを考慮して、説明の準備をしましょう（「原案を説明する」112ページ参照）。また、反論側が主張型反論として述べるデメリットも、予測ができているはずです。そこでそのデメリットに対する論証型反論も、分かりやすく説明できるように準備しておきます（「反論を説明する」122ページ参照）。

反論側が準備すべきは、原案に対する主張型反論と論証型反論です。反論側は、原案で提示された施策に対して、デメリットがあると主張型反論をします。さらには、原案で提示されたメリットが発生しない、発生しても小さい

と、論証型反論もします。どちらも予測できる論点ですので、分かりやすく説明できるように準備しておきます。

▶ 傾聴の技術を意識する

傾聴の技術を意識して、注意深く聞くべき箇所を決めておきましょう。

傾聴の技術が重要になるのは、論証型反論でメリットやデメリットの弱点を攻めるときです。論証型反論では、「他の根拠ならともかく、あなたの述べたその根拠では、その主張は成立しない」ことを述べます。相手の述べる根拠を注意深く聞かなければなりません。それも、メリットやデメリットの弱点（リンクの弱い部分）を、しっかりと聞き取らなければなりません。

そこで、注意深く聞くべき、メリットやデメリットの弱点をあらかじめ決めておくのです（「反論を意識して聞く」148ページ参照）。議論の最中は、その弱点の部分を、相手がどう説明してくるのかを意識して聞くのです。予想どおりに、弱点を弱点のまま説明したのなら、あらかじめ考えておいた論証型反論で攻めます。漫然と根拠を聞いていたのでは、メリットやデメリットの弱点を見つけ出せません。

▶ 質問の技術を意識する

質問の技術を意識して、攻める質問（158ページ参照）を準備しておきましょう。論証型反論で攻めるべきメリットやデメリットの弱点は予測しているはずです。その弱点

に対して、どう質問すれば、有利な情報が引き出せるかを考えます。ときには、有利な情報を引き出すための誘導尋問も必要です。誘導尋問をするには、議論を予測しておいて、引き出したい答えを考え、その答えを引き出すための一連のクローズド・クエスチョンを準備しておきます。

▶ 検証の技術を意識する

原案提示側も反論側も、検証の技術を意識して、根拠の準備をしておきましょう。

原案提示側が準備すべきは、原案と、デメリットに対する論証型反論です。検証の技術は、論証型反論のための技術ですが、原案を考えるときにも必要です。自分の原案に対して、自分で論証型反論を考えてみるのです。その上で、論証型反論で原案が崩されないように、理由のリンクをデータや具体例で補強しておきましょう。反論側が主張型反論として述べるデメリットもその根拠も予測ができているはずですから、予測できる範囲で根拠を検証しておきます。

反論側が準備すべきは、原案に対する主張型反論と論証型反論です。つまり、基本的に原案提示側と同じです。自分が述べようとしているデメリットに対して、自分で論証型反論を考えてみるのです。必要なら、理由のリンクをデータや具体例で補強しておきましょう。原案で提示するメリットもその根拠の内容も予測できているはずですから、予測できる範囲で根拠を検証しておきます。

▶ ポイント確認

問題：

「社内公用語を英語にすべきである」というテーマで議論しようとしています。原案提示側のあなたは、優秀な日本人の採用をメリットとして主張することを考えています。というのも、ふだんから役員クラスはほぼ例外なく、英語が堪能であることを体感しているからです。英語が堪能であることは、業務能力が高いことにつながっていると感じているのです。このことを原案で説明しようと思います。このとき、自らが検証の技術を使って、準備・考慮すべきことは何でしょう。

解答：

「英語が堪能であることが業務能力につながっている」と感じているのは因果の取り違えではないかと考えておくべきです。つまり、役員クラスの仕事をしていると、英語に接する機会が増えるので、英語が上達しただけかもしれません。英語ができるから、仕事もできて、役員になったわけではないかもしれません。

　因果の取り違えではないことを示すデータや具体例が必要です。役員クラスはほぼ例外なく、英語が堪能であることを示すデータだけでは不十分です。

解説：

　自らの原案に対しても、検証の技術を使って、論証型反論を考えましょう。その上で、対策も準備しておきます。

コラム ▶ 使ってはいけない裏技（多義あるいは曖昧の詭弁）

多義あるいは曖昧の詭弁とは、議論の中に出てくる言葉を複数の意味で使ったり、曖昧な意味のまま使ったりすることで相手を丸め込もうとする詭弁です。

東日本大震災の福島原子力発電所の事故における答弁の中に、多義あるいは曖昧の詭弁が見られます。

> 要は、東日本大震災のような巨大地震はまったくの想定外であり、対策を怠った事実はないというのが東電の主張だ。東電の答弁書では、「予見できなかった」「想定外」などの言葉が16度も繰り返されている。

（「週刊東洋経済」2013年7月20日号）

この答弁の中で使われている「予見できなかった」「想定外」という言葉が、多義あるいは曖昧の詭弁です。この言葉には、「科学的データに基づく調査の想定・予見を超えていた」という意味と、「分析や判断の能力不足で想定・予見が甘かった」という意味の両方を含みます。前者の意味なら、過失責任はかなり軽減されるべきですが、後者の意味なら、過失責任は重大です。意味をはっきりさせず、曖昧なまま使うことで、あたかも前者の意味のように持ち込んでいます。

国会答弁などで使われる「記憶にありません」も、多義あるいは曖昧の詭弁です。この言葉は、「やっていないので記憶していない」と「やったかもしれないけど忘れた」の両方の意味を含みます。したがって、「記憶にありません」＝「やっていません」ではありません。

第3部
議論の実践

　論理的な議論を通じて、最適なソリューションを導くためには、まず論点を的確にとらえなければなりません。その論点を、論証型反論を使って深めていきます。論点がずれたら、元の論点に引き戻すことも大事です。第3部「議論の実践」では、事例を使って議論の実践力を養います。

1 論点をとらえ、深め、ずらさせない

> **この章のPOINT**
>
> 最適なソリューションを導き出すためには、まず、議論の論点を正しくとらえた上で、絞り込まなければいけません。その絞り込んだ論点を議論で深めていきます。このとき、論点をずらさせないことも大事です。

1.1 論点をとらえ、絞り込む

▶ ポイント

論点とは、論証型反論によって深めるべき、議論の中心点です。意味ある議論をするには、まずこの論点を正しくとらえなければなりません。さらに、その論点を絞り込んでいきます。論点からずれた揚げ足取りに騙されてはいけません。

▶ 論点は2つ

議論を進めると、論点は、メリット／デメリットは生じるか、大きいかの2つに絞られます（「反論の応酬になれば、論点は2つになる」99ページ参照）。この2つの論点は、次のようにも表現できます。

- メリット／デメリットが生じることの説明は、各ステップのリンクが論理的につながっており、正しいデータで補強されているのかどうか
- メリットは、デメリットを上回るのかどうか

1 論点をとらえ、深め、ずらさせない

▶ **論点をとらえる（メリット／デメリットが生じるか）**

「メリット／デメリットが生じるか」という論点を、議論を通じて、さらに具体的な論点へと絞り込んでいきます。この論点の絞り込みを繰り返すことで、論点が深まっていくのです。論点が深まったところで、Win-Winのソリューションへと導きます。

たとえば、「ピラミッド型組織からフラット型組織に変更すべきである」というテーマで、原案提示側が、次のように説明したとします。

> 「組織をもっとフラットにすべきです。フラットにすれば、トップまでの情報伝達回数が減ります。回数が減れば、情報はより速く、より正確に伝わります。現場の情報が速く正確に入手できれば、トップはより正しいビジネス判断が下せます」

このとき、「メリット／デメリットが生じるか」という論点は、さらに次の3つに絞り込めます。

- 組織をフラットにすれば、トップまでの情報伝達回数が減るのかどうか
- 情報伝達回数が減れば、情報はより速く、より正確に伝わるのかどうか
- 情報が速く正確に入手できれば、トップはより正しいビジネス判断が下せるのかどうか

反論側が、論点を「情報はより速く、より正確に伝わる

のか」に絞って、次のように述べたとします。

> 「組織をフラット化しても、情報はより速く、より正確には伝わりません。なぜなら、多くの情報が1人のリーダーに集中するので、リーダーの処理能力を超えてしまうからです。その結果、リーダーが、上位リーダーに伝えるべき情報の取捨選択ができなくなったり、部下が情報をリーダーに伝えるのを躊躇してしまったりします」

すると、原案提示側は、論点をさらに次の2つに絞り込めます。

- 組織をフラットにすれば、リーダーの処理能力を超えてしまうほど、多くの情報がリーダーに集中するのかどうか
- 多くの情報がリーダーに集中すると、リーダーは、上位リーダーに伝えるべき情報の取捨選択ができなくなったり、部下が情報をリーダーに伝えるのを躊躇してしまったりするのかどうか

論点が深まって、反論が止まったら、そこでWin-Winのソリューションへと導きます。たとえば、先の議論なら、次のように切り出しましょう。

> 例:「なるほど、そういう問題がありますね。では、処理能力を超えてしまうほど、情報がリーダーに集中しないような仕組みは考えられないでしょうか」

1 論点をとらえ、深め、ずらさせない

▶ 論点をとらえる（メリット／デメリットは大きいか）

「メリット／デメリットは大きいか」、つまり「メリットはデメリットを上回るか」という論点も、議論を通じて、さらに具体的な論点へと絞り込んでいきます。

メリットとデメリットは、その大きさを比較しましょう。メリットの大きさだけ、あるいはデメリットの大きさだけで議論するのではありません。なぜなら、実際の議論では、メリット、デメリットのどちらかが完全に否定されることはほとんどないからです。メリットしかない、あるいはデメリットしかない施策が、テーマとして議論されるはずがありません。

たとえば、集団的自衛権に関する与野党の議論で、次のような意見は、デメリットの大きさだけで議論しています。

> 悪い例：戦後、自衛隊は1人の死者も出さず、1人の外国人も殺しませんでした。日本は「殺し、殺される」道に踏み込むのかどうかの岐路に立っています。
> （しんぶん赤旗2014年3月9日付）

しかし、この議論でも、メリットとデメリットの大きさを比較しなければなりません。デメリットとして、「殺し、殺される」がある一方、「紛争地域の日本人や同盟国の人たちを救える」というメリットがあります。したがって、次のような議論が必要です。

> よい例:自衛隊員の命を犠牲にしても、紛争に巻き込まれた国民や同盟国の一般人を救うために戦うか、紛争に巻き込まれた人たちを危険にさらしてでも不戦を貫くのか。

このように、論点を正しくとらえれば、議論はより実のあるものになります。デメリットだけを見れば、NOという答えになりますが、メリットとデメリットを比較することで、議論するポイントが見えてきます。なお、この例の場合、単純な数値比較はできません。救済できる国民の数が、犠牲になる自衛隊員の数より多いか少ないかは、その場の状況次第です。より慎重な議論が求められます。

▶ 揚げ足取りに騙されない

論点ではない部分の不備を突くことで、議論を煙に巻くのが揚げ足取りです。揚げ足取りをされたら、慌てずに論点を指摘しましょう。また、揚げ足取りをされないためにも、論理的な説明が必要です。

たとえば、次に示す国土交通大臣と利益誘導を図ろうとする議員のやりとりを見てみましょう。

> 大臣:「車より熊が多いような道を作ってどうするんだ」
> 議員:「バカ言っちゃいけない。車より熊が多いなんて。いったいどこの道で熊のほうが車より多いと言うんだ」

論点は、「国民の利便性に寄与しない道が多いかどうか」であって、「車より熊が多いかどうか」ではありません。議員は、根拠そのものではなく、根拠の比喩に反論しているのです。次のように、論点ずれを指摘しましょう。

> 例：「『車より熊が多い』は言い過ぎました。取り消します。しかし、交通量が全国平均よりかなり少ないというデータに対してどうお考えですか？」

　他にも、次に示す新聞記者と他国に利益誘導を図ろうとする議員のやりとりを見てみましょう。

> 記者：「現地ではあの建物のことを、あなたの名前を取って『ムネオハウス』と呼んでいるそうですが、何か特別な便宜を図ったのではありませんか？」
> 議員：「バカ言っちゃいけない。あそこはロシアだよ。みんなロシア語を話すんだ。『ハウス』なんて誰も言いやしないよ」

　論点は、あの建物を「ハウス」と呼ぶかどうかではありません。切り返しとしてはおもしろいですが、ここでひるんではいけません。次のように、論点ずれを指摘しましょう。

> 例：「今議論しているのは、あの建物の名前に『ムネオ』という言葉がついているかどうかです。さらには、『ムネオ』という言葉がついているなら、特別な便宜を図った証拠ではないのかどうかです」

第3部　議論の実践

▶ ポイント確認

問題：

「社内公用語を英語にすべきである」というテーマで、原案提示側が、次のように説明したとします。このとき、「メリット／デメリットが生じるか」という論点は、どのように絞り込めますか？

> 「当社は、社内公用語を英語にすべきです。英語を公用語にすれば、新卒採用時には、英語を真剣に勉強してきた人材だけが入社を希望します。英語ができる人材だけから選考できるのですから、英語という、学業成績や学生時代の諸活動より、ずっと実用的なビジネス能力で一次選考したのと同じです。入社希望者を合理的に一次選考できれば、後の選考に時間をかけられます。時間をかけて人材評価をすれば、優秀な人材を見出しやすくなります」

解答：

論点は次の4つに絞られます。

- 英語を公用語にすれば、英語を真剣に勉強してきた人材だけが入社を希望するのかどうか
- 英語ができる人材だけからの選考は、実用的なビジネス能力で一次選考したのと同じなのかどうか
- 合理的に一次選考できれば、後の選考に時間をかけられるのかどうか
- 時間をかけて人材評価をすれば、優秀な人材を見出しやすくなるのかどうか

コラム ▶ 使ってはいけない裏技（詭弁すべて）

　本書では、不当予断の問いや、誤った二分法、藁人形攻撃などの詭弁の説明が少し登場します。しかし、次の3つの理由から詭弁を使ってはいけません。

　第1に、詭弁は、それが詭弁と分かると致命傷を負うからです。相手が詭弁に精通しており、「それは、誤った二分法だね」などと指摘されれば、あなたは窮地に追い込まれます。詭弁を使ってごまかそうとしたことがばれたのですから、信頼も失います。

　第2に、詭弁と分からないほど巧みな詭弁を使えるようになることはとても無理だからです。詭弁の本を数冊読んだ程度で、詭弁と分からないような詭弁が使えるようにはなりません。詭弁を扱った本は読むにはおもしろいですが、簡単に身につけられる技術ではありません。そんな技術を身につける努力をするぐらいなら、正しい議論の仕方を身につけたほうが得です。

　第3に、仮に詭弁によって相手を言いくるめられたとしても、相手はあなたに協力してくれません。詭弁はしょせん詭弁であって、相手を説得したわけではありません。相手は言いくるめられたに過ぎません。相手からすれば、納得しているわけではないのですから、あなたに協力してはくれません。結局、詭弁を使った側は、相手を言いくるめたという爽快感だけが残り、ビジネスには失敗します。

　詭弁を勉強するのはおもしろいですが、実際に使うべきテクニックではありません。

第3部　議論の実践

1.2 論点を深める

▶ ポイント

論点を深めるには、論証型反論が重要です。論証型反論を意識しないと、議論は堂々巡りを起こします。論証型反論は、相手の根拠を否定した形で主張とし、そこに根拠を加えることを意識すると、上手にできるようになります。

▶ なぜ、堂々巡りが起きるのか

堂々巡りが起きる理由は、双方が主張型反論を繰り返しているか、相手の論証型反論に対して元の主張を繰り返しているかのどちらかです。

双方が主張型反論を繰り返せば、議論は堂々巡りを起こします。たとえば次のようになります。

> A氏：「当社は、コアの勤務時間を7時半から15時半にする朝型勤務に切り替えるべきです。個人作業の時間を、疲れていない、しかも邪魔の入らない朝に回すことで、作業効率がよくなるので、残業が減ります」
> B氏：「朝型勤務に切り替えると、個人作業の効率が上がるかもしれませんが、夕方以降、お客様への対応ができません。顧客満足度が下がります」
> A氏：「しかし、作業効率がよくなって、残業が減るのは大きなメリットです」
> B氏：「いえいえ、お客様に申し訳ありません」

218

あるいは、相手の論証型反論に対して、元の主張を繰り返しても、やはり議論は堂々巡りを起こします。たとえば次のようになります。

> A氏：「当社は、コアの勤務時間を7時半から15時半にする朝型勤務に切り替えるべきです。個人作業の時間を、邪魔の入らない朝に回すことで、作業効率がよくなるので、残業が減ります」
> B氏：「朝型勤務に切り替えても残業は減りません。邪魔が入らないので作業効率がよくなるのは夜でも同じです。逆に、終電というデッドラインが変わらない以上、15時半から終電まで残業しかねません」
> A氏：「しかし、朝は電話もかかってこないから作業が進みます。実際に、すでに導入した企業では、効率化が進んだという意見が聞かれます」
> B氏：「いえ、夜でも同じです」

▶ **論点を深めるためには**

論点を深めるには、双方が論証型反論をしなければなりません。つまり、反論側は、原案に対して論証型反論を述べ、原案提示側は、その反論に対して論証型反論を述べ、さらに反論側は……のように繰り返していくのです。

このとき、相手の根拠を否定した形で主張とし、そこに根拠を加えると、はっきりとした論証型反論になります。たとえば、先の例なら、次のような議論になります。

第3部 議論の実践

> A氏:「当社は、コアの勤務時間を7時半から15時半にする朝型勤務に切り替えるべきです。個人作業の時間を、邪魔の入らない朝に回すことで、作業効率がよくなるので、残業が減ります」
> B氏:「朝型勤務に切り替えても残業は減りません。邪魔が入らないので作業効率がよくなるのは夜でも同じです。逆に、終電というデッドラインが変わらない以上、15時半から終電まで残業しかねません」
> A氏:「邪魔が入らないので作業効率が上がるのは、朝と夜で違います。なぜなら、朝は社外対応をしなくて済むので、個人作業に集中できます」
> B氏:「いえ、朝でも個人作業に集中できません。なぜなら、社内対応があるからです。しかも、営業を除くほとんどの部門は、社外対応より社内対応が多いのです」

この議論では、相手の根拠を否定した形で主張とし、そこに根拠を加えています。その様子を、議論をまとめた次の表で確認しましょう。

発言者	主　張	根　拠
A氏	朝型勤務にすべき	残業が減る
B氏	残業は減らない	作業効率向上は夜でも同じ
A氏	作業効率向上は朝と夜で違う	朝は社外対応をしなくて済むので集中できる
B氏	朝でも個人作業に集中できない	社内対応が多い

1 論点をとらえ、深め、ずらさせない

▶ **ポイント確認**

問題：

以下の議論で、A氏は次にどう述べると、論点が深まるでしょうか？

> A氏：「当社は、特許の報奨金を大幅に引き上げるべきです。報奨金を大幅に引き上げれば、研究開発している社員のモチベーションが上がります。その結果、画期的な発明によって、会社に利益をもたらします」
>
> B氏：「報奨金を大幅に引き上げても、研究開発している社員のモチベーションは上がりません。なぜなら、莫大な利益を生むような発明は、宝くじにあたるような確率だからです。夢物語では社員のモチベーションは上がりません」

解答と解説：

- 「莫大な利益を生むような発明は、宝くじにあたるような確率で生まれるのではありません。もっとずっと高い確率です。なぜなら……」
- 「宝くじにあたるような確率でも、社員のモチベーションは上がります。なぜなら……」

論点を深めるには、論証型反論をしなければなりません。そのためには、B氏が述べた根拠「莫大な利益を生むような発明は、宝くじにあたるような確率だから」に反論しなければなりません。

1.3 ずれた論点を引き戻す

▶ **ポイント**

議論の最中に、論証型反論ができないと、論点がずれます。論点をずらさないためには、相手が論証型反論を述べているかどうかをチェックしましょう。相手が直前に述べたことに、直接答えてはいけません。論点がずれたら、ずれたことを指摘して、論点を引き戻すことも重要です。

▶ **なぜ論点はずれるのか**

議論をしていると、論点がずれてしまうことがあります。論点がずれてしまうのは、議論が不利になった側が、論証型反論をせずに、主張型反論をしてしまうからです。また、その主張型反論に乗って、議論を有利に進めていた側も、それた論点に対して、論証型反論をしてしまうからです。

議論が不利になると、論証型反論をせずに、主張型反論をしてしまいます。論証型反論を続けていては、反論しきれないからです。たとえば、先の「朝型勤務に切り替え」の議論が次のように流れたなら、A氏の2度目の発言が、まさに、主張型反論によって論点がずれた例となります。

> A氏：「当社は、コアの勤務時間を7時半から15時半にする朝型勤務に切り替えるべきです。個人作業の時間を、邪魔の入らない朝に回すことで、作業効率がよくなるので、残業が減ります」

> B氏：「朝型勤務に切り替えても残業は減りません。邪魔が入らないので作業効率がよくなるのは夜でも同じです。逆に、終電というデッドラインが変わらない以上、15時半から終電まで残業しかねません」
> A氏：「しかし、朝型勤務にすれば、それだけ早く退社できます。退社時間が早くなれば、家族と過ごす時間や、趣味や自己啓発にあてる時間も増やせます」

（悪例）

　この論点のそれた主張型反論に対して、論証型反論をすると、さらに論点がずれていきます。上記の例なら、A氏の論点がずれた反論に対する、以下のようなB氏の反論です。こう反論してしまうと、最初に議論していた「朝型勤務にすると、作業効率がよくなるので、残業が減る」という論点は、完全に吹き飛んでしまいます。

> B氏：「早く退社したからといって、退社後の時間が増えるわけではありません。なぜなら、次の日に早く出社するためには、早く就寝しなければならないからです。朝型勤務で、家族の時間や趣味の時間が増えたのなら、それは単に睡眠時間を削っているだけです」

（悪例）

▶ **すぐに、直接反論してはいけない**

　相手が直前に述べたことに、すぐに答えてはいけません。まずすべきことは、相手が論証型反論を述べているか

どうかをチェックすることです。反論はその後です。

議論をしていると、相手の直前の意見に対して、すぐに、それも直接、反論しがちです。たとえば、相手が「〇〇になるはずです」と主張したら、その発言の直後に、その発言に対してそのまま「〇〇にはなりません」と答えたくなります。なぜなら、沈黙は了承だからです（「沈黙は了承である（反証責任）」60ページ参照）。黙っていれば、「〇〇になるはずです」を認めたことになるからです。

しかし、その反論の前に、「そもそもこの主張に反論する必要があるのか」を考えなければなりません。つまり、相手が論証型反論を述べたかどうかをチェックしなければなりません。論点のずれた反論に反論すれば、論点はどんどんずれていきます。相手が述べた反論は、その前に自分が述べた根拠を検証しているかどうかをチェックしましょう。

▶ 論点がずれたことに気づくには

論点のずれに気がつくには、相手が述べるべきことを予想しておくと効果的です（「反論を意識して聞く」148ページ参照）。相手が正しく論証型反論をしたなら、相手は自分の述べた根拠を否定した形の主張を述べ、続いてその根拠を述べるはずです。その形になっていないなら、相手は論証型反論を述べていません。つまり論点がずれたのです。

たとえば、先の「朝型勤務に切り替え」の議論におけ

る、B氏の次に示す反論で考えてみましょう。

> B氏：「朝型勤務に切り替えても残業は減りません。邪魔が入らないので作業効率がよくなるのは夜でも同じです。逆に、終電というデッドラインが変わらない以上、15時半から終電まで残業しかねません」

この反論に対してA氏は、B氏の根拠（夜でも同じ）を否定した主張（夜とは違う）を述べ、続いてその根拠を述べれば、論証型反論になります。論証型反論なら、議論がかみ合って深まるのです。たとえば、A氏は次のように述べればよいのです。

> A氏：「邪魔が入らないので作業効率が上がるのは、朝と夜で違います。なぜなら、朝は社外対応をしなくて済むので、個人作業に集中できます」

しかし、このとき、A氏が、B氏の根拠（夜でも同じ）を否定した主張（夜とは違う）を述べ、続いてその根拠を述べないと、論点がずれてしまいます。たとえば、次のような反論です。

> A氏：「しかし、朝型勤務にすれば、それだけ早く退社できます。退社時間が早くなれば、家族と過ごす時間や、趣味や自己啓発にあてる時間も増やせます」

第3部　議論の実践

▶ **論点がずれたら**

　論点がずれたことに気がついたら、そのことを指摘して、論点に反論するよう促しましょう。あるいは、問題の論点には決着をつけた上で、次の論点へと移りましょう。

　相手の論証型反論を促すなら、次のように述べましょう。

> B氏:「先ほど私は、作業効率がよくなるのは夜でも同じだから、朝型勤務にしたからといって残業は減らないと述べました。このことについてご意見をいただけませんか」

（好例）

あるいは、論点を移すなら、次のように述べましょう。

> B氏:「先ほど私は、作業効率がよくなるのは夜でも同じだから、朝型勤務にしたからといって残業は減らないと述べました。このことについては同意いただけますか？　つまり残業は減らないということでよいですか？　同意いただけるなら、退社時間が早くなることで、退社後の時間が有効に使えるのかどうかを議論しましょう」

（好例）

1 論点をとらえ、深め、ずらさせない

▶ ポイント確認
問題：

以下の議論で、B氏は次にどう述べるべきでしょうか。

> A氏：「特許の報奨金を大幅に引き上げても、画期的な発明は生まれません。なぜなら、画期的な発明は、モチベーションではなく、発明者の目のつけどころや運、環境によって生まれるからです」
>
> B氏：「画期的な発明は、モチベーションによって生まれるのです。モチベーションが高ければ、研究に没頭します。四六時中、研究のことを考えているからこそアイデアが生まれ、そこに運や環境が加わって、画期的な発明は生まれるのです」
>
> A氏：「そもそも、報奨金を大幅に引き上げても、社員のモチベーションは上がりません。なぜなら、莫大な利益を生むような発明は、宝くじにあたるような確率だからです。夢物語では社員のモチベーションは上がりません」

解答：

- 「先ほど私は、モチベーションが高ければこそ、没頭することでアイデアが生まれると述べました。このことについてご意見をいただけませんか」
- 「モチベーションが高ければこそ、没頭することでアイデアが生まれることついては同意いただけますか？ 同意いただけるなら、モチベーションが上がるかどうかについて議論しましょう」

第3部 議論の実践

2 議論例と解説

> **この章のPOINT**
>
> この章では、議論の例を取り上げて、そのよいところと悪いところを解説します。左のページに議論を、右のページに解説を、ほぼ同時進行のように示します。左のページに示した議論の1つを読むたびに、右側のページの解説を読むようにして、学んだことを復習しましょう。

2.1 議論例1

テーマ： 当社は成果主義を導入すべきかどうか

①慎重派

　当社は成果主義を導入すべきではありません。従来の年功序列は、若いときは実労働に対して低賃金なのを我慢し、年をとってお金が必要なときに実労働より高い賃金を得るシステムです。いわば、年をとったときのために年金を積み立てているようなシステムです。今、成果主義を導入してしまうと、若いときに年功序列で、年をとって成果主義という人が出てしまいます。これでは、年金を積み立てただけで、年金を受け取る権利が消え失せてしまいます。年金が消えてしまった社員は不満を抱きます。社員の不満はモチベーションの低下を生み、ひいては業績の低下につながります。

▶ **ポイント**

　この議論では、推進派が論点を正しくとらえていないのが問題です。そのずれた論点に、慎重派が乗って議論してしまっているのも問題です。これらの点について、注意して読み進めましょう。

▶ **解説**

①慎重派

　慎重派は、成果主義の導入はデメリットを生むと主張しているので、論点は、デメリットが生じるか、それは大きいかです。より具体的には、以下のいずれかになります。

- 年功制は年金システムか
- 年金システムと考えたとき、成果主義の導入で年金がなくなるのか
- 年金がなくなると社員に不満が生まれるか
- 不満が生まれると、モチベーションが低下するのか
- モチベーションが低下すると、業績が低下するのか
- 業績の低下は深刻か

②推進派

　慎重派の意見に対して、推進派は論点を正しくとらえていません。論点である、デメリットが生じるか、それは大きいかに答えていません。「心意気が悪い」と的外れなことを述べています。「心意気が悪い」かどうかにかかわらず、著しく業績が低下するなら、成果主義を導入すべきではありません。「心意気が悪い」かどうかを議論する意味はありません。

②推進派

年をとれば労せずして高給がもらえるはずと考えるようでは、その人の心意気が悪いのではないでしょうか。そのような心意気の悪い人の不満は不満とはいえません。そのような不満は、無視してしまっても、かまわないと思います。

③慎重派

もらえるはずの年金がもらえなくなるわけです。これを不満に思うことのどこが、心意気が悪いのでしょう。実社会で、積み立てた年金が消失すれば大騒ぎです。それと同じことです。労せずして高給がもらえるのではなく、若いときの報酬の一部を、年をとってからもらっているのです。心意気が悪いということはありません。

④推進派

給料は働きに応じて支払われてこそ公平です。楽して高給を欲しがるような人たちの言い分を聞くことがよいことでしょうか？　このような心意気の悪い人の意見は無視してもしかたないと思います。

推進派は、たとえば次のように述べるべきでした。

> 「不満が生まれても、モチベーションは低下しません。なぜなら、モチベーションが低下すれば、自分の給料が下がって、自らの首を絞めるだけだからです。なくなった年金のことは割り切って、新たな富を得るために努力しなければ、自分が苦しむだけだからです」

（好例）

③慎重派

慎重派は、推進派が論点を正しくとらえていないことに気がついていません。その結果、推進派が述べた「心意気が悪い」に反論してしまっています。「心意気が悪い」かどうかを掘り下げる意味はありません。

慎重派は、たとえば次のように述べるべきでした。

> 「心意気がよいか悪いかを議論しているのではありません。心意気がよかろうが、悪かろうが、成果主義の導入によってモチベーションが低下するなら、業績が低下することには変わりありません。今議論すべきことは、成果主義の導入によって、モチベーションが低下するのか、業績が低下するのかどうかです。この点についてご意見を聞かせてください」

（好例）

④推進派

慎重派がそれた論点に乗ってしまったので、そのままそれた論点で議論してしまっています。

2.2 議論例2

テーマ：当社は、博士号を持つ新卒学生採用を大幅に増やすべきかどうか

①推進派

　当社は、博士号を持つ新卒学生を、研究職以外で積極的に採用すべきです。現在、博士号を持っているにもかかわらず、研究職にもなれず、一般企業にも就職できない者が多数いることが社会問題になっています。しかし、博士号を持つ新卒学生は、貴重な戦力になり得ます。博士号を得るための研究では、仮説をデータで論証していきます。その過程で、論証していく論理的な思考が鍛えられます。この論理的な思考は、研究職以外の分野、たとえば開発設計分野やソリューション提案の分野でも役に立ちます。論理的な開発や提案によって、会社の業績にも大きく貢献できるはずです。

②慎重派

　博士号を持つ新卒学生ですと、一般的な大学卒と比べて最低5歳は年齢が上です。初任給は、この5年分を上乗せした額になります。しかし、しょせん新卒ですから仕事はできません。5年間キャリアを積んだ大卒社員と、まったく仕事のできない博士号を持つ新卒社員が同じ給料では、大卒社員のモチベーションが下がります。

▶ ポイント

この議論では、慎重派が、論証型反論を述べずに、主張型反論を述べています。推進派も、慎重派の主張型反論に論証型反論を述べていません。その結果、堂々巡りが生じています。これらの点について注意して読み進めましょう。

▶ 解説
①推進派

推進派の原案に論証型反論をするなら、論点は、以下のいずれかになります。

- 博士号を得るための研究では、仮説をデータで論証していくのかどうか
- その過程で、論理的思考が身につくのかどうか
- 論理的思考は、研究職以外の分野でも役立つのかどうか
- それによって、会社の業績に貢献できるのかどうか
- その貢献は重要なのかどうか

②慎重派

慎重派は、論証型反論をせずに主張型反論を述べています。つまり、博士号を持つ新卒学生の採用に対するメリットは無視して、デメリットだけを述べました。

慎重派が論証型反論をするなら、たとえば次のように述べるべきでした。

> 「博士号を持つ新卒学生の論理的思考力が、開発設計やソリューション提案でも役に立つとお考えなら、なぜ役に立つのかその根拠を教えてください」

③推進派

 しかし、人より5年間も多く勉強に励んだ優秀な頭脳なのです。この優秀な頭脳をみすみす見逃す手はありません。会社の業績アップのためにも、是非必要な人材です。

④慎重派

 しかし、実際、現場では大卒3年目の社員が、修士号を持つ新卒の新入社員の給料を聞いて、ショックを受けている例があるのです。

⑤推進派

 当社は、偏差値の高い大学の卒業生を多く採用しているではありませんか。これは、頭脳明晰な者が会社に貢献するという判断からでしょう。頭脳明晰の判断基準を、偏差値だけではなく、博士号にも置こうということです。

③推進派

推進派は、メリットとデメリットの2つの論点を同時に議論するか、1つずつ議論するかを選ばなければなりません。

2つの論点を同時に議論するなら、たとえば次のように述べるべきでした。

> 「先ほど私は、博士号を持つ新卒学生の論理的思考力が、開発設計分野やソリューション提案の分野でも役に立つはずと申し上げました。役に立たないとお考えなら、なぜ役に立たないのかその根拠を教えてください。また、大卒社員のモチベーションが下がるということですが、仮に、大卒社員のモチベーションが下がるとしても、深刻な問題ではありません。なぜなら……」

1つずつ議論することを選ぶなら、たとえば次のように述べるべきでした。

> 「5年間キャリアを積んだ大卒社員と、まったく仕事のできない博士号を持つ新卒社員が同じ給料であることから、大卒社員のモチベーションが下がるとしても、深刻な問題ではありません。なぜなら……」（デメリットの議論を深める）「では、博士号を持つ新卒学生の論理的思考力が、開発設計分野やソリューション提案の分野でも役に立つはずという点に話を戻しましょう。役に立たないとお考えなら、その根拠を教えてください」

2.3 議論例3

テーマ： 当社は、主力製品であるOA機器（パソコン、プリンタ、ディスプレイなど）のリサイクルに取り組むべきかどうか

①推進派

　当社は、主力製品であるOA機器のリサイクルに積極的に取り組むべきです。リサイクルを推進すれば、開発サイドはリサイクルのコストを抑えるために、リサイクルしやすい製品を開発するようになります。他社に先駆けて取り組めば、ノウハウや知的財産が蓄積されます。今後の社会情勢から考えて、ユーザーのリサイクルに対する要請はどんどん厳しくなるでしょう。法令での規制も強化が進むはずです。先に手を打つべきです。

②慎重派

　法規制が強化されると言っても、今のパソコンや家電のリサイクルと一緒で、消費者がリサイクル費を負担することになると思われます。だったら、当社が積極的にリサイクルを推進する意味はありません。

▶ **ポイント**

慎重派は、議論の途中で論点をずらしています。しかし、推進派は、論点がずれたことに気がつかないまま、ずれた議論に乗ってしまいました。その結果、論が深まっていません。これらの点について注意して読み進めましょう。

▶ **解説**

①推進派

論点をとらえにくい主張ですが、論点は以下になります。

- リサイクルを推進すれば、リサイクルしやすい製品を開発するようになるのかどうか
- 他社に先駆けてリサイクルしやすい製品を開発すれば、ノウハウや知的財産が蓄積されるのかどうか
- ノウハウや知的財産が蓄積されれば、他社よりもコストダウンできるのかどうか
- そのコストダウンは重要なのかどうか

②慎重派

慎重派は、「他社よりもコストダウンできるか」という論点を、正しくとらえていますが、分かりにくい述べ方です。次のように述べるべきでした。

> 「リサイクルを推進することでノウハウや知的財産が蓄積できても、当社のコストダウンにはなりません。なぜなら、パソコンや家電のリサイクルと一緒で、消費者がリサイクル費を負担することになるからです。当社のコストダウンにはなりません」

③推進派

 仮に、リサイクル費をユーザーが負担するとしても、その負担額が他社よりも少なくて済むなら、それは当社のメリットとなるはずです。

④慎重派

 そもそも、ユーザーはそんなにリサイクルに興味を持っているとは思えません。やっぱり、安いものが売れるはずです。リサイクル推進にお金をかけるより、いかに安く作るかを考えるべきでしょう。

⑤推進派

 そんなことはありません。ユーザーはリサイクルに興味を持っています。たとえば、印刷用紙を見ても、一般消費者ですら今ではリサイクル紙を買います。コスト的には、バージンパルプで作った紙のほうが安いのですが、リサイクル紙のほうが売れているのです。

⑥慎重派

 それは、価格に大きな差がないからでしょう。ほぼ同じ額なら、環境によいほうを買いたいというだけです。

⑦推進派

 昨今の、環境ブームは誰もがご存知かと思います。エコバッグを持ち歩く人も多いです。環境に対する配慮は、大きな差別化要因になります。

③推進派

慎重派が述べた「消費者がリサイクル費を負担するはず」という意見はもっともなので、推進派は、論点を深めつつ少し修正しました。つまり、当社のコストダウンにはならないが、消費者のコストダウンになると修正しました。

④慎重派

推進派が述べた「リサイクル費が少なければ当社のメリットになる」という意見はもっともなので、慎重派は、「ユーザーはリサイクルに興味を持っているかどうか」に論点をずらしてしまいました。

⑤推進派

慎重派が論点をずらしたことを、次のように指摘すべきでした。

> 「ユーザーがリサイクルに興味を持っているかどうかは関係ありません。ユーザーが負担するリサイクル費用が少なくなるのか、少なくなるとすれば、それは当社の製品を買う動機付けになるかどうかが問題です。その点についてご意見をお聞かせください」

（好例）

3 | 演習

> **この章のPOINT**
>
> 本章では、本書の締めくくりとして、議論の問題点を指摘する演習をします。まず、問題となっている議論をひととおり読みましょう。その上で、この議論の何が問題で、どの段階で誰がどう述べればよかったのか、あるいはどの意見は妥当かを考えましょう。

3.1 | 演習1

▶ 問題

以下の議論では、議論が平行線になってしまっています。推進派、慎重派それぞれ何が問題なのでしょうか？推進派、慎重派それぞれどのように主張すればよかったのでしょうか？

テーマ：当社は成果主義を強化すべきかどうか

①推進派

当社は成果主義を強化すべきです。成果主義を強化すれば、年功や労働時間ではなく成果で評価を受けるようになります。成果で評価することにより、社員の能力をより正しく評価できるようになります。その結果、より有能な社員が、より重要なポストに就き、会社の業績が上がります。

②慎重派
　成果は、判断基準があいまいなので、正しい評価はできません。人それぞれ仕事の内容が違うのですから、正しく比較できるはずがありません。やさしい仕事を達成した人が、難しい仕事にチャレンジして達成できなかった人より、評価が高くなってしまいかねません。結局、正しい評価がされず、むしろ有能な社員が埋もれかねません。

③推進派
　現状のシステムでは、年功や労働時間で評価されています。若い社員がどんなに有能で会社に貢献しても、それは評価されないわけです。それでは正しい評価とは言えません。成果主義を強化すれば、完全に正しいとまではいきませんが、少なくとも今よりはましになるはずです。

④慎重派
　現状のシステムのように年功や労働時間を中心とした評価は、明確な比較ができるので、正しく評価できます。しかも、経験を積んだほうが積まないより、よい仕事ができることは誰もが認めるところです。一方、成果を評価する場合は、本質的に異なるものを比較したり、人の感じ方に左右されたりするため、どうしても正しい評価が難しくなります。

⑤推進派
　現在のシステムでは、正しい評価はできていません。成果主義で完全に公平な評価ができるとは言いませんが、今よりはましになるはずです。

第3部　議論の実践

▶ 解答と解説

①推進派の意見に対する論点は、次のどれかになります。

- 成果主義を強化すれば、成果で評価するようになるのかどうか
- 成果で評価すると、より正しく評価できるのかどうか
- 正しく評価できれば、より有能な社員が、より重要なポストに就くのかどうか
- そうなると、会社の業績が上がるのかどうか
- 業績はどのくらい上がるのか

②慎重派は、論点を正しくとらえています。慎重派は、論点の「成果で評価すると、より正しく評価できるのか」をとらえて、「判断基準があいまいなので、正しい評価はできない」と述べています。「判断基準があいまい」なことも、具体的に説明しています。

③推進派が論証型反論をしていません。①推進派で述べたことを繰り返しているだけです。③推進派は、②慎重派が、「成果は、判断基準があいまいなので、正しい評価はできません」と述べたのですから、「判断基準があいまいなので」という根拠に対して反論しなければなりません。

そこで、③推進派は、たとえば以下のいずれかのように述べるべきでした。

> 「成果の評価は、判断基準があいまいではありません。なぜなら……」

> 「成果は、判断基準があいまいでも正しく評価できます。なぜなら……」

　④慎重派は、③推進派が論証型反論をしていないことに気がついていません。論点が深まらなかったことに気がつかず、②慎重派で述べたことを繰り返しています。前に述べたことを繰り返すと、堂々巡りが始まります。

　④慎重派は、たとえば次のように述べるべきでした。

> 「先ほど私は、『成果は、判断基準があいまいなので、正しい評価はできません』と述べました。成果で今より正しく評価できるなら、なぜ、判断基準があいまいでも正しく評価できるのかを説明してください。あるいは、判断基準があいまいではない根拠を述べてください」

　⑤推進派は、④慎重派が論点を深めずに、前に述べたことを繰り返したので、同様に自分も前に述べたことを繰り返しています。このように、論証型反論をせずに、前に述べたことを繰り返すと、堂々巡りが始まります。

第3部 議論の実践

3.2 演習2

▶ **問題**

次の例では、有効な議論がなされていません。どういう点が問題だったのでしょうか？

テーマ：当社は、社内ベンチャー制を導入すべきかどうか

①推進派

当社は、社内ベンチャー制を導入すべきです。社内ベンチャー制を導入すると、これまでなら組織の中で埋もれて出てこなかった新しいアイデアや新しいビジネスモデルが出てくるようになります。そこに当社が資金を提供することで、ビジネスとして開花できます。これまでのビジネスの延長にはない、ビジネスチャンスが広がります。

②慎重派

社内ベンチャー制は、あまりにハイリスクです。これまで多くの企業が社内ベンチャー制を導入してきましたが、あまり成功した事例を見ません。

③推進派

そんなことはありません。社内ベンチャー制の成功例は枚挙にいとまがありません。たとえば、パナソニックの社内ベンチャー制では、2001年の創設以降に誕生した30社のうち10社が存続し、いずれも黒字基調です。とくに、電子看板を手がける「ピーディーシー」や、パワースー

ツを開発する「アクティブリンク」は有名です。三菱商事のネットワンやソニーのSCEも成功事例です。

④**慎重派**

　それは、成功したから目立つだけで、その裏に数えきれないほどの失敗があるのではありませんか？　失敗事例を挙げようと思えば、成功事例以上にいくらでも挙げられます。統計を取るまでもなく、失敗事例のほうが多いのは、誰でも感じているはずです。

⑤**推進派**

　しかし、従来のやり方では、新しいアイデアが実現しにくいのは確かです。どの部門も、目の前の予算達成が最重要課題です。とても、新しい事業を興そうとはしません。部門長からすれば、新しい事業が売り上げに貢献する頃には、自分がその部門にはいないでしょうから、新規事業を興す意味も感じないでしょう。

⑥**慎重派**

　それは部門長の問題なのじゃないですか。今だけを見て、将来を見ないような人材が部門長になっているほうがおかしいと思います。

▶ 解答と解説

①推進派の意見に対する論点は、次のどれかになります。
- 社内ベンチャー制を導入すると、新しいアイデアが出るのかどうか
- 新しいアイデアが、当社の資金で開花するのかどうか
- そのビジネスでビジネスチャンスが広がるのかどうか
- そのビジネスチャンスは大きいのかどうか

②慎重派は、論点を正しくとらえています。「あまりにハイリスク」という言葉は、「そのビジネスチャンスは（投資に見合うほど）大きいか」に対応しています。

③推進派は、②慎重派に正しく論証型反論をしています。②慎重派の根拠が、「あまり成功した事例を見ません」ですから、「社内ベンチャー制の成功例は枚挙にいとまがありません」と述べ、根拠である事例を列挙しています。

④慎重派の意見も、正しく論証型反論をしています。根拠である事例に意味がないと述べています。その根拠は、「成功したから目立つだけで、その裏に数えきれないほどの失敗がある」です。事例は、統計データではないので、反論されやすくなります。

⑤推進派の意見が、論点からずれてしまいました。論点は、「そのビジネスチャンスは大きいかどうか」でした。しかし、成功例を、「成功したから目立つだけ」と指摘されて、論点を深められなくなってしまったのです。そこで、

「現状では、新しいアイデアが実現しにくい」という別の論点を持ち出したのです。このように、議論が苦しくなると、別の論点を持ち出すことはよくあることです。

⑤推進派は、④慎重派の意見を受けて、たとえば次のように述べるべきでした。

> 「たしかに、成功事例の裏には、それ以上の失敗事例があるはずです。しかし、だからといって、社内ベンチャー制を否定する根拠にはなりません。なぜなら、大きな成功例があれば、多数の失敗事例をカバーできるからです。成功すれば、会社が存続する限り利益を生み続けるのです。結局は、成功と失敗のトータルで、投資が回収できればよいのですから」

⑥慎重派は、ずれた論点に乗って、「部門長の問題」と反論してしまいました。反論する前に、そもそも反論すべき意見かどうかを考えなければいけません。

⑥慎重派は、⑤推進派が論点をずらしたことを、次のように指摘すべきでした。

> 「現状の体制で新しいアイデアが実現しにくいかどうかを論じているのではありません。成功事例の裏には、数多くの失敗事例がある。だから、成功事例だけを見て、大きなビジネスが開花すると考えてよいのかどうかを検討しているのです」

3.3　演習3

▶ 問題

次の例では、有効な議論がなされていません。どういう点が問題だったのでしょうか？

テーマ：当社は、管理職にTOEICで730点以上の取得を義務づけるべきかどうか

①推進派

　当社は、管理職にTOEICで730点以上取得することを義務づけるべきです。当社が外資系に買収された関係上、役員会議はもちろん経営判断にかかわる重要会議、重要書類はすべて英語が義務づけられています。英語が話せなければ、経営にかかわる重要な仕事ができません。管理職は会社の中心になるべき人材であり、経営の重要なポジションを担う役職の候補者です。ですから、管理職には例外なく730点を義務づけるべきです。ちなみに、TOEICの730点とは、主催者によると「どんな状況でも適切なコミュニケーションができる素地を備えている」レベルです。

②慎重派

　しかし、すべての会議、すべての書類が英語なのではありません。むしろ、日常業務の遂行は、今後とも日本語です。トップとのコミュニケーションが英語だというだけです。管理職でも、日本語だけで遂行できる業務の人はたくさんいます。業務能力があるのに、英語ができないという

だけで管理職から外されてしまうのでは会社の損失です。

③**推進派**

　経営にかかわる重要な仕事は、会社の生命線です。当然、能力の高い人材が担うべきです。一方、日本語だけで遂行できる業務は、会社から見ればさほど重要ではありません。たしかに、英語ができないというだけで管理職から外されてしまうのは会社にとって損失です。しかし、その損失は深刻ではありません。経営にかかわる重要な仕事に適任者を配置することのほうが重要です。

④**慎重派**

　経営にかかわる重要な仕事に、能力の高い人材を配置することが重要であることに異論はありません。しかし、能力の高い人材なら、TOEICで730点以上取得することを義務づけなくても、自発的に学習をし、英語力をつけるのではありませんか？

⑤**推進派**

　しかし、能力の高い人材でも、自発的に英語力をつけるのは無理です。なぜなら、能力の高い人材は、すでに重要な仕事を担当しています。ですから、英語学習に時間を割けません。会社が無理矢理やらせなければ、英語力は向上しません。

第3部　議論の実践

▶ 解答と解説

①推進派の意見に対する論点は、ちょっと分かりにくいのですが、整理すると次のどれかになります。

- TOEIC 730点を義務づけると、管理職の英語力は高まるのかどうか
- 英語力が高まると、経営にかかわる重要な仕事を遂行しやすくなるのかどうか
- 遂行しやすくなるとして、大きな差なのかどうか

②慎重派は、①推進派に対して、主張型反論をすることで、メリットとデメリットの比較に議論を持ち込んでいます。日本語だけで遂行できる管理職業務もあるのに、英語ができないというだけで管理職から外してしまうのは、人材を有効活用できないというデメリットを生むと主張しているのです。その一方で、慎重派は、経営にかかわる重要な仕事を遂行するのには英語が必要であることについては反論していません。沈黙は了承ですから、この点については認めたことになります。つまり、経営にかかわる重要な仕事の効果的な遂行というメリットと、人材を有効活用できないというデメリットのどちらが大きいかという議論になっています。

②慎重派は、デメリットが大きいことを立証しなければなりませんでした。メリットを述べた相手に対して、「デメリットのほうが大きい」と反論するなら、「デメリットのほうが大きい」ことを立証するのは、そう言い出した側です。しかし、②慎重派は、そのことを立証していません。

③推進派は、②慎重派が立証責任を果たしていないことに気がついていません。そればかりか、慎重派が負うべき立証責任を自らが負って、メリットのほうが大きいことを立証しようと試みてしまっています。③推進派は、次のように述べて、慎重派に立証責任を負わせるべきでした。

> 「なぜ、経営にかかわる重要な仕事を効果的に遂行できることより、日本語だけで遂行できる業務における人材の有効活用のほうが重要とお考えですか？」

　④慎重派は、論点を変えています。③推進派が、メリットのほうが大きいことを立証しました。これに対して、慎重派は、デメリットが大きいという反論の根拠が見出せなかったのです。反論できないと、無意識に論点を変えます。そのまま議論していたのでは、返答に困るからです。

　④慎重派は、①推進派の意見に対する論証型反論に戻りました。論点は、先に示した「TOEIC 730点を義務づけると、管理職の英語力は高まるのかどうか」です。④慎重派は、「英語力は高まらない。なぜなら、英語力を高めるべき（能力の高い）管理職は、義務づけなくても、自発的に英語力をつけるから」と、反論したのです。

　⑤推進派は、④慎重派の意見を受けて、論証型反論をしています。④慎重派の根拠「自発的に英語力をつける」を否定して主張「自発的に英語力をつけるのは無理」とし、そこに根拠を述べています。

おわりに

　本書は、ブルーバックスの拙著『論理が伝わる世界標準の「書く技術」』と『論理が伝わる世界標準の「プレゼン術」』の続編として出版しました。3冊すべてを読むと、論理を伝える技術が効果的に身につきます。とくに、ロジック表現は『論理が伝わる世界標準の「書く技術」』で、ロジック構築は『論理が伝わる世界標準の「プレゼン術」』で、ロジック論証は本書『論理が伝わる世界標準の「議論の技術」』で深く勉強できます。

　本書では、かなり難しい内容を説明しています。3冊シリーズの中でも、ロジック構築を中心とした「プレゼン術」とロジック論証を中心とした本書「議論の技術」は難しいはずです。しかし、それは当然です。論理的であることが簡単なわけはありません。まして技術なのです。覚えるだけの知識とは違うのです。

　難しい内容だからこそ、ビジネスでの武器になるのです。誰もが簡単に理解でき、習得できるなら、そんな技術がビジネスの武器になるはずはありません。苦労して身につける技術だからこそ、自分だけの武器になるのです。

　本書が、ビジネスを成功に導くための武器を習得する一助になれば幸いです。

2015年5月　倉島保美

N.D.C.809　252p　18cm

ブルーバックス　B-1914

論理が伝わる 世界標準の「議論の技術」
Win-Winへと導く5つの技法

2015年5月20日　第1刷発行
2024年3月8日　第5刷発行

著者	倉島保美
発行者	森田浩章
発行所	株式会社講談社
	〒112-8001 東京都文京区音羽2-12-21
電話	出版　03-5395-3524
	販売　03-5395-4415
	業務　03-5395-3615
印刷所	(本文表紙印刷) 株式会社KPSプロダクツ
	(カバー印刷) 信毎書籍印刷株式会社
本文データ制作	株式会社フレア
製本所	株式会社KPSプロダクツ

定価はカバーに表示してあります。
©倉島保美　2015, Printed in Japan
落丁本・乱丁本は購入書店名を明記のうえ、小社業務宛にお送りください。送料小社負担にてお取替えします。なお、この本についてのお問い合わせは、ブルーバックス宛にお願いいたします。
本書のコピー、スキャン、デジタル化等の無断複製は著作権法上での例外を除き禁じられています。本書を代行業者等の第三者に依頼してスキャンやデジタル化することはたとえ個人や家庭内の利用でも著作権法違反です。
R〈日本複製権センター委託出版物〉複写を希望される場合は、日本複製権センター（電話03-6809-1281）にご連絡ください。

ISBN978-4-06-257914-8

発刊のことば

科学をあなたのポケットに

二十世紀最大の特色は、それが科学時代であるということです。科学は日に日に進歩を続け、止まるところを知りません。ひと昔前の夢物語もどんどん現実化しており、今やわれわれの生活のすべてが、科学によってゆり動かされているといっても過言ではないでしょう。

そのような背景を考えれば、学者や学生はもちろん、産業人も、セールスマンも、ジャーナリストも、家庭の主婦も、みんなが科学を知らなければ、時代の流れに逆らうことになるでしょう。

ブルーバックス発刊の意義と必然性はそこにあります。このシリーズは、読む人に科学的に物を考える習慣と、科学的に物を見る目を養っていただくことを最大の目標にしています。そのためには、単に原理や法則の解説に終始するのではなくて、政治や経済など、社会科学や人文科学にも関連させて、広い視野から問題を追究していきます。科学はむずかしいという先入観を改める表現と構成、それも類書にないブルーバックスの特色であると信じます。

一九六三年九月

野間省一

ブルーバックス　コンピュータ関係書

番号	書名	著者
1084	図解　わかる電子回路	加藤　肇／見城尚志／高橋尚久
1769	入門者のExcel VBA	立山秀利
1783	知識ゼロからのExcelビジネスデータ分析入門	住中光夫
1791	卒論執筆のためのWord活用術	田中幸夫
1802	実例で学ぶExcel VBA	立山秀利
1825	メールはなぜ届くのか	草野真一
1850	入門者のJavaScript	立山秀利
1881	プログラミング20言語習得法	小林健一郎
1926	実例で学ぶRaspberry Pi電子工作	金丸隆志
1950	SNSって面白いの？	草野真一
1962	脱入門者のExcel VBA	立山秀利
1989	入門者のLinux	奈佐原顕郎
1999	カラー図解 Excel「超」効率化マニュアル	立山秀利
2001	人工知能はいかにして強くなるのか？	小野田博一
2012	カラー図解 Javaで始めるプログラミング	高橋麻奈
2045	サイバー攻撃	中島明日香
2049	統計ソフト「R」超入門	逸見　功
2052	カラー図解 Raspberry Piではじめる機械学習	金丸隆志
2072	入門者のPython	立山秀利
2083	ブロックチェーン	岡嶋裕史
2086	図解　Web学習アプリ対応　C語入門	板谷雄二
2133	高校数学からはじめるディープラーニング	金丸隆志
2136	生命はデジタルでできている	田口善弘
2142	ラズパイ4対応 カラー図解 最新Raspberry Piで学ぶ電子工作	金丸隆志
2145	LaTeX超入門	水谷正大

ブルーバックス　地球科学関係書(I)

番号	書名	著者
1414	謎解き・海洋と大気の物理	保坂直紀
1510	新しい高校地学の教科書	杵島正洋/松本直記=編著 左巻健男=編
1592	発展コラム式 中学理科の教科書 第2分野（生物・地球・宇宙）	石渡正志=編
1639	見えない巨大水脈 地下水の科学	日本地下水学会/井田徹治
1670	森が消えれば海も死ぬ 第2版	松永勝彦
1721	図解 気象学入門	古川武彦/大木勇人
1756	山はどうしてできるのか	藤岡換太郎
1804	海はどうしてできたのか	藤岡換太郎
1824	日本の深海	瀧澤美奈子
1834	図解 プレートテクトニクス入門	木村 学/大木勇人
1844	死なないやつら	長沼 毅
1861	発展コラム式 中学理科の教科書 改訂版 生物・地球・宇宙編	石渡正志=編
1865	地球進化 46億年の物語	ロバート・ヘイゼン 円城寺 守=監訳 渡会圭子=訳
1883	地球はどうしてできたのか	吉田晶樹
1885	川はどうしてできるのか	藤岡換太郎
1905	あっと驚く科学の数字 数から科学を読む研究会	
1924	謎解き・津波と波浪の物理	保坂直紀
1925	地球を突き動かす超巨大火山	佐野貴司
1936	Q&A火山噴火127の疑問	日本火山学会=編
1957	日本海 その深層で起こっていること	蒲生俊敬
1974	海の教科書	柏野祐二
1995	活断層地震はどこまで予測できるか	遠田晋次
2000	日本列島100万年史	山崎晴雄/久保純子
2002	地学ノススメ	鎌田浩毅
2004	人類と気候の10万年史	中川 毅
2008	地球はなぜ「水の惑星」なのか	唐戸俊一郎
2015	三つの石で地球がわかる	藤岡換太郎
2021	海に沈んだ大陸の謎	佐野貴司
2067	フォッサマグナ	藤岡換太郎
2068	太平洋 その深層で起こっていること	蒲生俊敬
2074	地球46億年 気候大変動	横山祐典
2075	日本列島の下では何が起きているのか	中島淳一
2094	富士山噴火と南海トラフ	鎌田浩毅
2095	深海――極限の世界	藤倉克則・木村純一=編著 海洋研究開発機構=協力
2097	地球をめぐる不都合な物質	日本環境学会=編著
2116	見えない絶景 深海底巨大地形	藤岡換太郎
2128	地球は特別な惑星か?	成田憲保
2132	地磁気逆転と「チバニアン」	菅沼悠介